工业机器人一体化系列教材

U0159626

工业机器人离线编程与仿真一体化教程

主　编　纪海宾　权　宁　詹国兵

副主编　师彩云　马士良　查剑林

主　审　黎少辉

西安电子科技大学出版社

内 容 简 介

本书基于 RobotStudio 软件，从工业机器人的实际应用出发，由易到难展现了工业机器人离线编程技术在多个领域的应用。全书基于具体案例任务编写，配合丰富的多媒体资源，直观地展示了工业机器人离线编程时搭建工作站、创建系统、创建运动路径和仿真调试等操作。

本书具有很强的实用性和可操作性，既可作为高等院校和中、高职院校工业机器人离线编程课程的教材，又可作为工业机器人培训机构用书，同时可供相关行业的技术人员参考。

图书在版编目(CIP)数据

工业机器人离线编程与仿真一体化教程 / 纪海宾，权宁，詹国兵主编. — 西安：西安电子科技大学出版社，2021.2(2021.3 重印)
ISBN 978-7-5606-5976-3

Ⅰ. ①工…　Ⅱ. ①纪…　②权…　③詹…　Ⅲ. ①工业机器人—程序设计—教材　②工业机器人—计算机仿真—教材　Ⅵ. ①TP242.2

中国版本图书馆 CIP 数据核字(2021)第 011098 号

策划编辑　高　樱
责任编辑　刘延梅　许青青
出版发行　西安电子科技大学出版社(西安市太白南路 2 号)
电　　话　(029)88242885　88201467　　邮　　编　710071
网　　址　www.xduph.com　　　　　电子邮箱　xdupfxb001@163.com
经　　销　新华书店
印刷单位　陕西日报社
版　　次　2021 年 2 月第 1 版　　2021 年 3 月第 2 次印刷
开　　本　787 毫米×1092 毫米　1/16　印　张　12.5
字　　数　291 千字
印　　数　301～3300 册
定　　价　36.00 元

ISBN 978-7-5606-5976-3 / TP

XDUP 6278001-2

***** 如有印装问题可调换 *****

前　言

随着德国"工业 4.0"概念的提出，以"智能工厂，智慧制造"为主导的第四次工业革命已经悄然来临。在国际制造业面临转型升级、国内经济发展进入新常态的背景下，国务院于 2015 年 5 月发布了《中国制造 2025》。工业机器人作为《中国制造 2025》的重点领域之一，在未来将扮演重要的角色。

当下工业机器人的应用领域不断扩大，工作任务的复杂度不断增加，人们对产品品质的要求不断提高，企业对提高机器人编程效率和编程质量的需求显得越发紧迫。工业机器人的离线编程技术能够有效地降低编程难度，减小编程工作量，提高编程效率，同时仿真技术的应用还能大大提高编程质量，因此，机器人离线编程与仿真技术逐渐成为当下企业进行工业机器人应用编程的重要手段。

本书基于 RobotStudio 软件，从工业机器人的实际应用出发，由易到难展现了工业机器人离线编程技术在多个领域的应用。全书共分为工业机器人离线编程基础、工业机器人循迹任务编程与仿真、工业机器人涂胶任务编程与仿真、工业机器人激光切割任务编程与仿真、工业机器人搬运任务编程与仿真、工业机器人码垛任务编程与仿真、RobotStudio 在线功能 7 个项目。各个项目以项目任务驱动为主线，以典型工作任务为载体，根据工作任务的复杂程度，按照循序渐进、由浅入深的原则设置内容，引领知识和技能的学习。选取的项目案例以实用为导向，在项目实践中，不断把知识点融入进去，从而使学生在实践案例中学习并锻炼能力。各项目紧密相连又层层递进，不断深化知识点，让兴趣驱动学习，同时强调知识即学即用，在前一项目中学习的知识可在后续项目中得到应用，不断强化所学知识，以期达到较好的学习效果。

徐州工业职业技术学院纪海宾、权宁、詹国兵担任本书主编，徐州生物工程职业技术学院师彩云、徐州工业职业技术学院马士良和查剑林担任副主编。具体分工如下：项目一由詹国兵编写，项目二由师彩云编写，项目三和项目四由纪海宾编写，项目五由权宁编写，项目六由马士良编写，项目七由查剑林编写，全书由纪海宾统稿。徐州工业职业技术学院黎少辉教授主审了本书。

在本书编写过程中参考了大量文献及技术手册，在此向各相关作者表示诚挚的谢意，同时上海 ABB 工程有限公司、北京华航唯实机器人科技股份有限公司、徐州康福尔电子科技有限公司、中国矿业大学等企业和院校也提供了宝贵意见及鼓励和指导，在此一并致谢。

由于工业机器人行业发展迅速，加之编者水平有限，书中难免有不妥之处，恳请广大读者批评指正。

编　者
2020 年 10 月

目　　录

项目一 工业机器人离线编程基础

【项目目标】

了解工业机器人编程仿真技术，熟悉常见的工业机器人离线编程软件以及离线编程流程，认识 RobotStudio 软件，掌握 RobotStudio 软件的下载与安装方法。

任务 1.1 工业机器人编程仿真技术简介

【任务目标】

(1) 了解工业机器人编程技术。

(2) 了解工业机器人离线编程技术。

(3) 了解工业机器人仿真技术。

工业机器人编程的那些事

1.1.1 工业机器人编程技术简介

机器人广泛应用于焊接、装配、搬运、喷漆及打磨等领域，任务的复杂程度不断增加，而用户对产品质量、效率的要求越来越高。在这种形式下，机器人的编程方式、编程效率和质量显得越来越重要。降低编程的难度和工作量，提高编程效率，实现编程的自适应性，从而提高生产效率，是机器人编程技术发展的终极追求。对工业机器人来说，目前常用的编程方法主要有三类：示教编程、机器人语言编程以及离线编程。

1. 示教编程

示教编程是一项成熟的工业机器人编程技术。1954 年，美国乔治·德沃尔(George Devol)最早提出了工业机器人的思想，并申请了专利。目前大多数工业机器人仍采用乔治·德沃尔提出的编程方法。采用这种方法时，程序编程是在机器人现场进行的。常见工业机器人示教器的实物图如图 1-1 所示。

(a) 川崎机器人示教器　　　　　　(b) ABB 机器人示教器

  (c) 安川机器人示教器   (d) KUKA 机器人示教器

图 1-1 常见工业机器人示教器的实物图

2. 机器人语言编程

  机器人语言编程是指采用专用的机器人语言来描述机器人的运动轨迹,完成指定工作任务的一种编程方法。目前应用于工业中的机器人语言是动作级和对象级语言。

3. 离线编程

  离线编程是指利用专用或通用离线编程软件在离线情况下进行机器人轨迹规划并自动生成机器人程序的一种编程方法。它是利用计算机图形学,在专门的软件环境下建立机器人工作环境的几何模型,然后通过规划算法对图形进行控制和操作,在离线的情况下进行轨迹规划并自动完成编程的一个过程。一些离线编程软件还带有仿真功能,可以在不接触实际机器人工作环境的情况下,在三维软件中提供一个和机器人进行交互的虚拟环境。图 1-2 为 ABB 公司 RobotStudio 离线编程软件的界面。

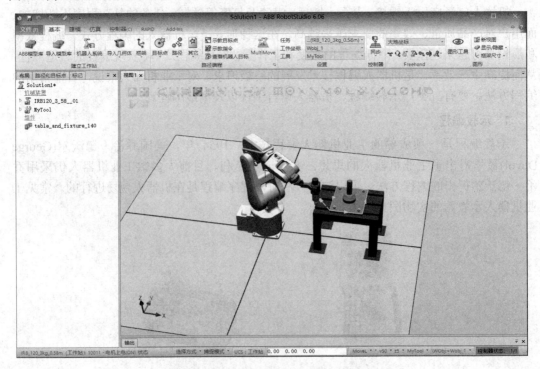

图 1-2 RobotStudio 离线编程软件的界面

1.1.2　工业机器人离线编程技术简介

离线编程系统是机器人实际应用的一个必要手段，也是开发和研究任务级规划方式的有力工具。离线编程系统的主要组成有用户接口、机器人系统三维几何构型、运动学计算、轨迹规划、运动仿真、通信接口和误差校正等部分，其相互关系如图 1-3 所示。

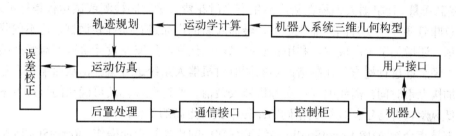

图 1-3　工业机器人离线编程系统的主要组成结构图

1. 用户接口

工业机器人一般提供两个用户接口：一个用于示教编程，另一个用于语言编程。示教编程可以用示教器直接编制机器人程序。语言编程则是用机器人语言编制程序，使机器人完成给定的任务。

2. 机器人系统三维几何构型

离线编程系统的一个基本功能是利用图形描述对机器人和工作单元进行仿真，这就要求对工作单元中的机器人的所有卡具、零件和刀具等进行三维实体几何构型。目前用于机器人系统的三维几何构型的方法主要有三种：结构的立体几何表示、扫描变换表示和边界表示。

3. 运动学计算

运动学计算就是利用运动学方法在给出机器人运动参数和关节变量的情况下，计算出机器人的末端位姿，或者在给定末端位姿的情况下计算出机器人的关节变量值。

4. 轨迹规划

在离线编程系统中，除需要对机器人的静态位置进行运动学计算之外，还需要对机器人的空间运动轨迹进行仿真。

5. 运动仿真

运动仿真是离线编程系统的重要组成部分，它能逼真地模拟机器人的实际工作过程，为编程者提供直观的可视图形，进而可以检验编程的正确性和合理性。

6. 通信接口

在离线编程系统中，通信接口起着连接软件系统和机器人控制柜的桥梁作用。

7. 误差校正

离线编程系统中的仿真模型和实际的机器人模型之间存在误差。产生误差的主要原因是机器人本身存在结构上的误差，工作空间内难以准确确定物体(机器人、工件等)的相对位置和离线编程系统的数字精度等。因此，在实际中机器人调试程序时需要对误差进行相应的校正，以满足实际使用要求。

1.1.3 工业机器人仿真技术简介

目前，工业自动化市场的竞争压力日益加剧，客户在生产中要求更高的效率，以降低价格，提高质量。让机器人编程在新产品生产之时花费大量时间检测或试运行是行不通的，因为这意味着要停止现有的产品生产线，转而对新的产品进行编程和调试，这不仅降低了生产效率，还增加了生产成本。利用仿真技术可以让生产厂家在设计阶段就对新产品的可制造性、经济性进行检查，在制造产品的同时对机器人系统进行编程，从而缩短产品研发周期，加快上市时间。离线编程在实际机器安装前，通过可视化及可确认的解决方案和布局来降低风险，并通过创建更加精确的路径来获得更高的部件质量。

本书重点介绍 ABB RobotStudio 离线编程软件的相关知识和操作。RobotStudio 是市场上离线编程的领先产品。为实现真正的离线编程，RobotStudio 采用 ABB VirtualRobot TM 技术，通过新的编程方法，ABB 正在世界范围内建立机器人编程标准。

任务 1.2 常见工业机器人离线编程软件

【任务目标】
(1) 认识常见的工业机器人离线编程软件。
(2) 熟悉工业机器人离线编程软件的应用。

1.2.1 常用离线编程软件

常用离线编程软件主要有专用型和通用型两种。专用型离线编程软件是机器人公司针对自身产品开发的软件。常见的专用型离线编程软件有 ABB 公司的 RobotStudio、库卡(KUKA)公司的 KUKA Sim、发那科(FANUC)公司的 RoboGuide、安川(YASKAWA)公司的 MotoSim EG 等。通用型离线编程软件可以兼容市场上主流的工业机器人品牌。国外通用型软件有 RoboDK、RobotMaster、ROBCAD、RobotWorks、RobotMove 等，国内通用型软件有北京华航唯实机器人科技股份有限公司的 PQArt、华数机器人有限公司的 iNC Robot 等。

1. FANUC RoboGuide

FANUC RoboGuide(发那科机器人编程软件)是一款应用于 FANUC 机器人的离线编程软件，由 FANUC 公司官方出品。FANUC RoboGuide 可以使用户在 3D 环境中创建、编程和模拟机器人工作单元，而无须实际花费原型工作单元的费用，能大幅提高生产效率。通过 RoboGuide 进行的离线编程可以通过在实际安装之前对单个和多个机器人工作单元布局进行可视化来降低风险。图 1-4 所示为 FANUC RoboGuide 的操作界面。

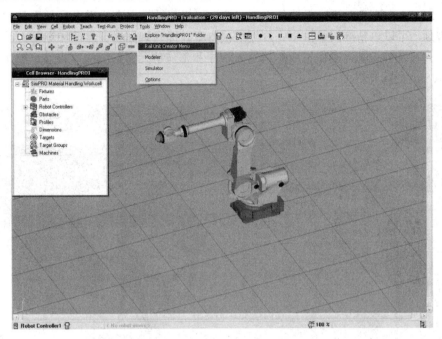

图 1-4　FANUC RoboGuide 的操作界面

2. 安川 MotoSim EG

安川 MotoSim EG 是一款应用于安川工业机器人的离线编程软件，由安川公司官方出品。安川 MotoSim EG 在机器人及周围环境建模的基础上，完成机器人的相关示教和编程，进而生成安川机器人程序代码。将这些代码下载到机器人控制器，即完成了机器人工作过程的设计。安川 MotoSim EG 与现场操作示教相比具有直观安全、成本低、效率高等特点。图 1-5 所示为安川 MotoSim EG 的操作界面。

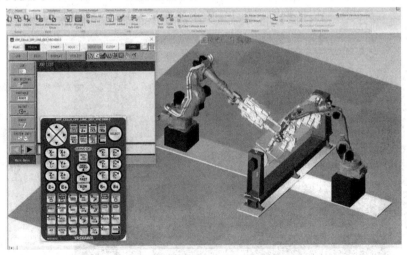

图 1-5　安川 MotoSim EG 的操作界面

3. KUKA Sim

KUKA Sim 是一款应用于库卡工业机器人的离线编程智能模拟软件，由 KUKA 公司官方出品。KUKA Sim 可以通过虚拟仿真方式快速、轻松地根据客户需求进行设备和机器人方案的规划，可以以精准的节拍事先规划解决方案，提升规划的可靠性和竞争力，并通过可达性检查和碰撞识别，确保生成的机器人程序和工作单元布局图的可靠性。图 1-6 所示为 KUKA Sim 的操作界面。

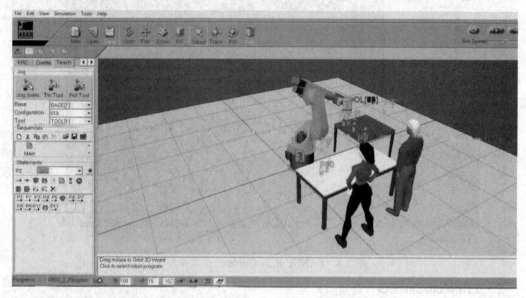

图 1-6　KUKA Sim 的操作界面

4. 加拿大 RobotMaster

加拿大 RobotMaster 是一款专为工业机器人开发的编程软件，支持市场上常见的工业机器人品牌。RobotMaster 可以通过 CAD/CAM 自动生成机器人优化的轨迹，自动解决奇点、碰撞、链接和范围限制等问题。RobotMaster 具有操作简单、易学易用的特点，是一款优秀的机器人离线编程仿真软件。图 1-7 所示为加拿大 RobotMaster 的操作界面。

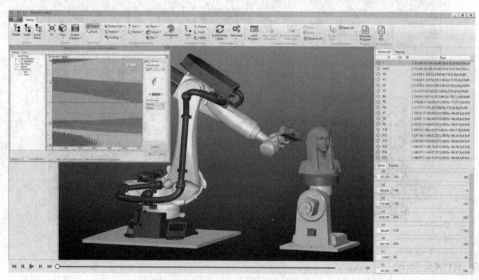

图 1-7　加拿大 RobotMaster 的操作界面

5. 加拿大 RoboDK

加拿大 RoboDK 是一款用于工业机器人仿真、机器人编程的软件工具，由加拿大蒙特利尔市 ETS 理工大学的 CoRo 实验室出品，支持市场上常见的工业机器人品牌。使用 RoboDK 可以对工业机器人进行仿真，在 PC 上可以直接为机器人控制器生成可读程序。RoboDK 软件具有直观的用户界面，便于搭建虚拟工作环境，创建好坐标系并设定机器人运动轨迹及目标后，即可为多种工业应用预先进行离线编程。图 1-8 所示为加拿大 RoboDK 的操作界面。

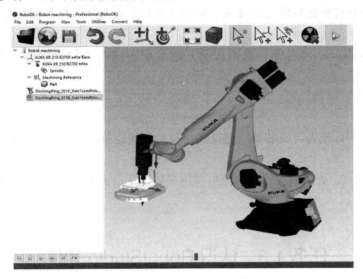

图 1-8　加拿大 RoboDK 的操作界面

6. 华航唯实 PQArt

华航唯实 PQArt 是由北京华航唯实机器人科技股份有限公司出品的一款国产机器人离线编程软件，支持市场上常见的工业机器人品牌。PQArt 提供一站式的解决方案，从轨迹规划、轨迹生成、仿真模拟到后置生成代码，使用简单。它支持多种格式的三维 CAD 模型，能自动识别和搜索 CAD 模型点、线、面信息自动生成轨迹，具有一键优化轨迹与几何碰撞检测功能，含焊接、切割、喷涂、数控加工等多种工艺包。图 1-9 所示为华航唯实 PQArt 的操作界面。

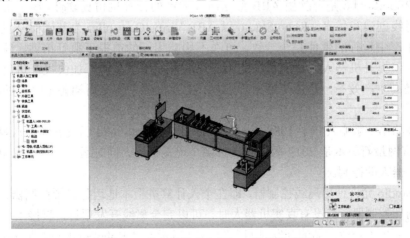

图 1-9　北京华航唯实 PQArt 的操作界面

1.2.2 工业机器人离线编程软件的应用

常用离线编程软件主要有如下优点：

(1) 减少了机器人的停机时间，通过虚拟仿真技术可以事先对机器人解决方案进行规划，可以有效降低成本，提高生产效率。

(2) 使编程者远离危险的工作环境，确保人身安全。

(3) 可对复杂任务进行编程，解决了复杂的路径示教在线编程难以取得令人满意的效果这一问题。

(4) 适用范围广，可对各种机器人及其配套设备进行编程，并能方便地实现优化编程。

(5) 具有几何碰撞检测、轨迹可达性检查等功能，可确保机器人程序的安全性和可靠性。

(6) 可以在实际机器人安装前通过可视化技术来确定解决方案和布局，以降低技术改进的风险。

基于上述优点，离线编程软件的应用将越来越广泛，未来有可能逐步替代人工在线示教编程。

任务 1.3　认识 RobotStudio 软件

【任务目标】

(1) 认识 RobotStudio 软件。

(2) 熟悉 RobotStudio 软件的常用功能。

认识 RobotStudio 软件

1.3.1 认识 RobotStudio 软件

ABB RobotStudio 是一款由 ABB 集团研发生产的计算机仿真软件，用于机器人单元的建模、离线创建和仿真。RobotStudio 以 ABB VirtualController 为基础而开发，与机器人在实际生产中运行的软件完全一致，可在不影响生产的前提下执行培训、编程和优化等任务，不仅提升机器人系统的盈利能力，还能降低生产风险，加快投产进度，缩短换线时间，提高生产效率，是一个适用于 ABB 工业机器人寿命周期各个阶段的软件产品家族。

该软件的第一版本发布于 1988 年，到 2019 年，RobotStudio 已发展到第六版，截止到 2020 年，官网最新版本是 2019 版。它支持多个虚拟机器人同时运行，且支持 IRC5 控制器对多个机器人的控制。

RobotStudio 允许使用离线控制器，即在个人计算机上本地运行虚拟控制器，还允许使用真实的物理控制器。当没有真实机器人时，可以完全离线开发项目，直接下载到虚拟控制器，大大缩短了企业产品的开发时间。图 1-10 展示的是 RobotStudio 软件与真实机器人之间的关系。

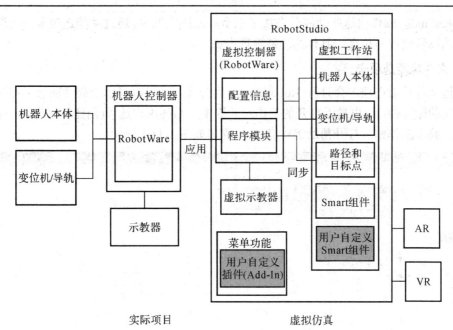

图 1-10　RobotStudio 与真实机器人的关系图

1.3.2　RobotStudio 软件的功能简介

RobotStudio 作为一款成熟的工业机器人计算机仿真软件，有着强大的机器人单元建模、离线编程、仿真等功能，主要体现在：

(1) CAD 导入。RobotStudio 可轻易地以各种主要的 CAD 格式导入数据，包括 IGES、VRML、VDAFS、ACIS 和 CATIA。通过使用此类非常精确的 3D 模型数据，机器人程序设计员可以生成更为精确的机器人程序，从而提高产品质量。

(2) 自动路径生成。这是 RobotStudio 最节省时间的功能之一。通过使用待加工部件的 CAD 模型，可在短短几分钟内自动生成跟踪曲线所需的机器人位置；而人工执行此项任务，则可能需要数小时或数天。

(3) 自动分析伸展能力。此项便捷功能可让操作者灵活移动机器人或工件，直至所有位置均可到达，可在短短几分钟内验证和优化工作单元布局。

(4) 碰撞检测。在 RobotStudio 中，可以对机器人在运动过程中是否可能与周边设备发生碰撞进行验证和确认，以确保机器人离线编程得出的程序的可用性。

(5) 在线作业。将 RobotStudio 与真实的机器人连接，可对机器人进行便捷的监控、程序修改、参数设定、文件传送及备份恢复等操作，使调试与维护工作更轻松。

(6) 模拟仿真。可根据设计，在 RobotStudio 中进行工业机器人工作站的动作模拟仿真以及周期节拍仿真，为工程的实施提供真实的验证。

(7) 应用功能包。RobotStudio 针对不同的应用推出了功能强大的工艺功能包，将机器人更好地与工艺应用进行有效的融合。

(8) 二次开发。RobotStudio 提供功能强大的二次开发平台，可使机器人应用实现更多的可能，满足机器人的科研需要。

RobotStudio 软件将这些功能分布在了七个功能选项卡中,通过功能选项卡来实现工业机器人的离线编程与仿真。具体的功能选项卡如下:

1. 文件功能选项卡

通过文件功能选项卡会打开 RobotStudio 后台视图,可以显示当前活动的工作站的信息和使用的库文件,列出最近打开的工作站并提供一系列用户选项(创建新工作站、连接到控制器、共享工作站、打开帮助等),其操作界面如图 1-11 所示。

图 1-11　文件功能选项卡

2. 基本功能选项卡

基本功能选项卡如图 1-12 所示。该选项卡的主要功能是建立工作站、路径编程、工具设置、同步控制器、图形显示等。

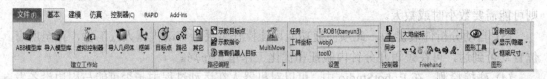

图 1-12　基本功能选项卡

3. 建模功能选项卡

建模功能选项卡如图 1-13 所示。该选项卡的主要功能是创建工作站模型,进行 CAD 操作,测量尺寸,创建机械装置等。

图 1-13　建模功能选项卡

4. 仿真功能选项卡

仿真功能选项卡如图 1-14 所示。该选项卡的主要功能是进行仿真设定,实现仿真控制,创建碰撞监控,进行信号分析及录制短片等。

图 1-14　仿真功能选项卡

5. 控制器功能选项卡

控制器功能选项卡如图 1-15 所示。该选项卡的主要功能是添加机器人控制器,打开机器人虚拟示教器,配置机器人控制器系统等。

图 1-15　控制器功能选项卡

6. RAPID 功能选项卡

RAPID 功能选项卡如图 1-16 所示。该选项卡的主要功能是进行程序的编辑、程序的测试与调试、路径编辑等。

图 1-16　RAPID 功能选项卡

7. Add-Ins 功能选项卡

Add-Ins 功能选项卡如图 1-17 所示。该选项卡的主要功能是打开 RobotApps,安装 RobotWare,进行齿轮箱热量预测等。

图 1-17　Add-Ins 功能选项卡

任务 1.4　RobotStudio 的下载与安装

【任务目标】

(1) 掌握 RobotStudio 软件的下载方法。

(2) 学会安装 RobotStudio 软件。

(3) 掌握 RobotStudio 软件的授权管理。

1.4.1　RobotStudio 软件的下载

RobotStudio 软件的获得主要有如下两种方式：① 购买 ABB 机器人，随机赠送软件安装光盘；② 登录 ABB 官网下载软件安装包。

本书主要介绍从官网下载软件的方法和步骤。

(1) 进入 ABB 公司官方网站 https://www.abb.com/cn。

(2) 按图 1-18 所示的步骤，进入下载中心，下载最新版本的 RobotStudio 软件。软件包的下载界面如图 1-19 所示。

进入官网 → 产品和系统 → 机器人技术 → RobotStudio → Go to RobotStudio Overview → 下载 → RobotStudio

图 1-18　进入下载中心步骤图

首页 → 产品指南 → 机器人技术 → ROBOTSTUDIO → 下载中心

RobotStudio

下载 RobotStudio 2019.2
发布日期: 20190704
大小: 2.1 GB

RobotWare可以通过RobotStudio中的RobotApps安装。

RobotStudio 2019 命名和授权
阅读更多关于RobotStudio在命名和授权方面所做的更改

图 1-19　RobotStudio 软件下载界面

1.4.2　RobotStudio 软件的安装

RobotStudio 软件包下载完毕后，解压如图 1-20 所示的文件包，之后就可以进行安装了，主要步骤如下：

(1) 检查并确认电脑配置是否符合安装需求。表 1-1 所示的是安装该软件的计算机最低配置要求。

RobotStudio_2019.5.3.zip

图 1-20　压缩文件包

表 1-1　安装 RobotStudio 的计算机最低配置要求

硬　件	要　　求
CPU	Inter i5 或以上
内存	≥4 GB
硬盘	≥20 GB
显卡	独立显卡，显存 2 GB 以上
操作系统	Windows 7 以上

(2) 检查电脑用户名是否包含中文，如含有中文，修改用户名，再进行安装。

(3) 确认电脑是否联网，如没有联网，请连接网络，否则会导致安装失败。

(4) 对软件安装包进行解压操作。

(5) 双击解压包里的 setup.exe，如图 1-21 所示。

(6) 在弹出的安装对话框的下拉菜单中选择"中文(简体)"，然后点击"确定"按钮，如图 1-22 所示。

图 1-21　安装文件　　　　　　　　　　　　图 1-22　软件安装界面(1)

(7) 点击"下一步"，如图 1-23 所示。

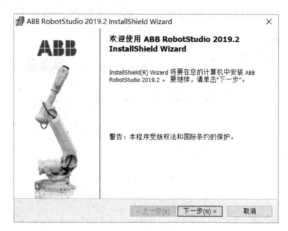

图 1-23　软件安装界面(2)

(8) 点击"我接受该许可证协议中的条款"，然后点击"下一步"，如图 1-24 所示。

图 1-24　软件安装界面(3)

(9) 点击"接受"按钮，如图 1-25 所示。

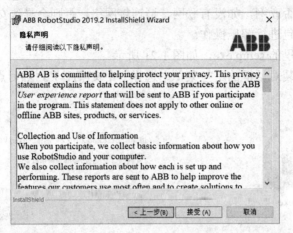

图 1-25　软件安装界面(4)

(10) 采用默认安装路径时，直接点击"下一步"，如图 1-26 所示。如需要更改安装位置，则可点击"更改"，重新选择安装路径。需要注意的是，安装目录中不得有中文。

图 1-26　软件安装界面(5)

(11) 选择"完整安装"，点击"下一步"，如图 1-27 所示。

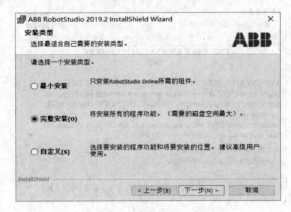

图 1-27　软件安装界面(6)

(12) 点击"安装"按钮，如图 1-28 所示。

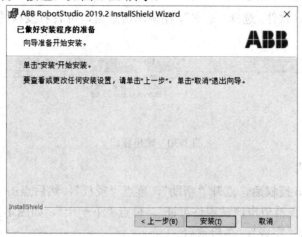

图 1-28 软件安装界面(7)

(13) 点击"完成"按钮，软件安装成功，如图 1-29 所示。

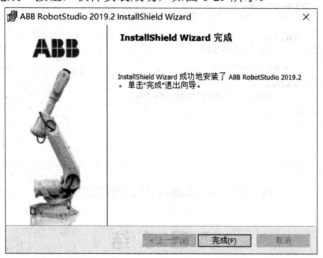

图 1-29 软件安装界面(8)

1.4.3 RobotStudio 软件的授权管理

第一次正确安装 RobotStudio 以后，只有 30 天的全功能高级版免费试用期。试用期过后，如果没有购买授权，则只能使用基本功能。

RobotStudio 基本版：提供所学的 RobotStudio 功能，如配置、编程和运行虚拟控制器，通过以太网对实际控制器进行编程、配置、监控和机器人安装系统等。

RobotStudio 高级版：提供所有的离线编程功能和多机仿真功能及基本版的所有功能。高级版需要购买授权。

RobotStudio 软件的授权可以与 ABB 公司联系购买。RobotStudio 用于教学时，是能享受优惠政策的。

下面介绍 RobotStudio 软件的授权方法。

1. 查看 RobotStudio 授权的有效期

双击 RobotStudio 软件，选择"基本"，在输出信息窗口可查看授权的有效期，如图 1-30 所示。

图 1-30　输出窗口

2. 激活授权方式

购买 RobotStudio 授权后，点开"帮助"，再点"授权"，然后点击"激活向导"，以试用许可为例，点击"我希望申请试用许可证"，再点"下一个"，如图 1-31 所示，然后耐心等待授权，最后点击"完成"，之后重启。

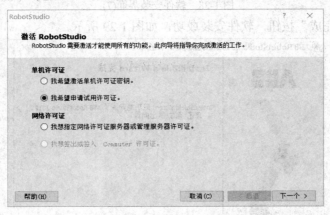

图 1-31　RobotStudio 软件激活授权界面图

项 目 总 结

当前工业机器人的应用领域越来越广，其任务的复杂度也不断增加，同时用户对产品的质量追求越来越高，因此机器人的编程效率和质量越发显得重要。离线编程能够有效地降低编程的难度和工作量，提高编程效率，同时借助仿真技术能够大大提高编程质量。本项目主要介绍了工业机器人离线编程技术、仿真技术以及常见的离线编程软件(用户可根据自身的实际需求，结合工业机器人本体，选择合适的离线编程软件)，同时重点介绍了 ABB RobotStudio 软件的安装和授权管理方法。

项 目 作 业

一、填空题

1. 工业机器人常用的编程方法主要有＿＿＿＿＿、＿＿＿＿＿、＿＿＿＿＿三种。

2. 常见的专用离线编程软件有：ABB 公司的＿＿＿＿＿＿＿、库卡(KUKA)公司的＿＿＿＿＿＿＿、发那科(FANUC)公司的＿＿＿＿＿＿＿、安川(YASKAWA)公司的＿＿＿＿＿＿＿等。

3. 示教编程可以使用示教器直接编制＿＿＿＿＿＿＿。语言编程则是用机器人＿＿＿＿＿＿＿，使机器人完成给定的任务。

4. 在 RobotStudio 中，＿＿＿＿＿＿可以验证与确认机器人在运动过程中是否可能与周边设备发生碰撞，以确保机器人离线编程得出程序的可用性。

5. 使用 RobotStudio 的＿＿＿＿＿可以实现与真实机器人进行连接通信，对机器人进行便捷的监控、程序修改、参数设定、文件传送及备份恢复等操作，使得调试与维护工作更轻松。

6. RobotStudio 针对不同的应用推出功能强大的＿＿＿＿＿，将机器人与工艺应用进行有效的融合。

7. RobotStudio 提供功能强大的＿＿＿＿＿的平台，使得机器人应用实现更多的可能，满足机器人科研的需要。

8. RoboGuide 是一个离线工具，用于设置和维护机器人系统，也是一个可以在工作场地使用的＿＿＿＿＿工具。

二、判断题

1. 机器人离线编程可以减少机器人的不工作时间，当对机器人下一个任务进行编程时，机器人仍可在生产线上工作，编程不占用机器人的工作时间。（ ）

2. 机器人离线编程可以不需要机器人系统和工作环境的图形模型。（ ）

3. 运动学计算就是利用运动学方法在给出机器人运动参数和关节变量的情况下，计算出机器人的末端位姿；或者是在给定末端位姿的情况下计算出机器人的关节变量值。（ ）

4. 在离线编程系统中，只需要对机器人的静态位置进行运动学计算，无须对机器人的空间运动轨迹进行仿真。（ ）

5. 离线编程系统的一个基本功能是利用图形描述对机器人和工作单元进行仿真，这就要求对工作单元中的机器人的所有夹具、零件和刀具等进行三维实体几何构型。（ ）

6. RobotStudio2019 及其以后的版本中 RobotWare 与 RobotStudio 是集成在一起的，因此在安装的时候无须联网。（ ）

7. RobotStudio2019 在安装时无须联网。（ ）

8. 安装 RobotStudio2019 的计算机操作系统不能低于 Windows 8，否则无法正常安装。（ ）

9. RobotStudio2019 必须安装在系统默认的 C 盘中才能正常使用。（ ）

10. 操作系统中的防火墙不会造成 RobotStudio 的不正常运行，因此安装过程中无须理会防火墙。（ ）

11. 在第一次正确安装 RobotStudio 以后，软件提供 60 天全功能高级版免费试用。60 天以后，如果还未进行授权操作，则只能使用基本版的功能。（ ）

12. 在第一次正确安装 RobotStudio 以后，软件提供 30 天全功能高级版免费试用。30 天以后，如果还未进行授权操作，则只能使用基本版的功能。（ ）

13. 高级版提供 RobotStudio 所有的离线编程功能和多机器人仿真功能。高级版中包含基本版中的所有功能。 （　　）

14. RobotStudio 软件包含所有的离线编程功能和多机器人仿真功能。其中高级版包含基本版的所有功能，无须授权也可以使用。 （　　）

15. 单机许可证只能激活一台计算机的 RobotStudio 软件，而网络许可证可在一个局域网内建立一台网络许可证服务器，给局域网内的 RobotStudio 客户端进行授权许可，客户端的数量由网络许可证决定。 （　　）

三、选择题

1. RobotStudio 是由(　　)公司推出的离线编程软件。

A. ABB
B. FUNUC
C. KUKA
D. KAWASAKI

2. 工业机器人常用的编程方法主要有示教编程、离线编程和(　　)等三种。

A. 拖拽编程
B. 现实复制编程
C. 在线编程
D. 机器人语言编程

3. 目前用于机器人系统三维几何构型的基本方法主要有(　　)法等多种。(多选题)

A. 立体几何
B. 扫描变换
C. 边界
D. 人工智能

4. 国内自主品牌的机器人离线编程软件主要有(　　)等多个产品。(多选题)

A. RobotMaster
B. RoboDK
C. RobotArt
D. iNC Robot

5. 机器人离线编程软件基本能够兼容多种品牌的机器人，那么 RobotStudio6.01 中可以使用的机器人主要有(　　)。

A. FUNUC 系列
B. ABB 系列
C. KUKA 系列
D. YASKAWA 系列

项目二　工业机器人循迹任务编程与仿真

【项目目标】

熟悉工业机器人循迹任务要求，掌握工业机器人循迹任务工作站的构建方法，学会创建工件坐标系，学会手动创建运动轨迹程序，掌握工业机器人循迹任务的仿真运行与调试方法，学会 RAPID 程序的保存。

任务 2.1　工业机器人循迹任务简介

【任务目标】

了解工业机器人循迹任务要求以及具体任务内容。

项目二以工业机器人循迹任务为例讲解相关知识点。循迹任务是指装有训练工具的 IRB 120 工业机器人，沿着工作台模型边缘遍历一圈，具体工作任务如图 2-1 所示。机器人从 O 点出发，沿着模型边缘依次通过 A 点、B 点、C 点、D 点，最后再由 A 点回到 O 点。本项目主要涉及的知识点有仿真工作站的搭建，工件坐标系的创建，手动运动轨迹程序的创建，机器人运动的仿真运行与调试。

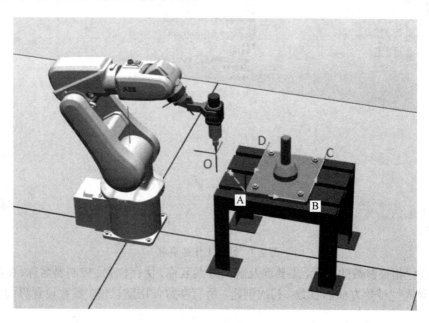

图 2-1　循迹任务示意图

任务 2.2　工业机器人循迹仿真工作站的构建

【任务目标】

(1) 掌握创建工作站和机器人控制器解决方案的方法。

(2) 学会导入机器人周边模型。

(3) 掌握训练工具的安装方法。

(4) 学会利用 Freehand 工具操作周边模型。

创建空工作站

2.2.1　创建工作站和机器人控制器解决方案

ABB RobotStudio 软件创建工作站有三种方法，分别为空工作站解决方案、工作站和机器人控制器解决方案以及空工作站。本任务采用第二种方法，即建立工作站和机器人控制器解决方案，利用该方法可以创建完整的工业机器人工作站解决方案，包括机器人本体和控制系统。具体的创建步骤如下：

(1) 打开 RobotStudio 软件，选择文件功能选项卡，点击"新建"，弹出新建菜单，如图 2-2 所示。

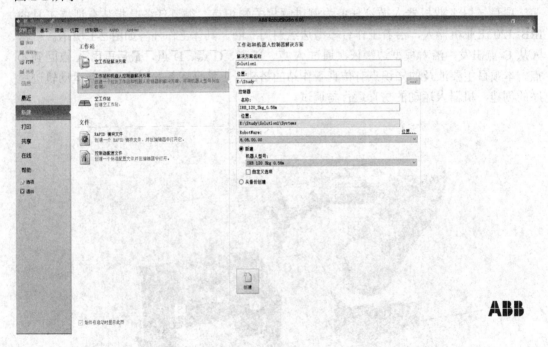

图 2-2　新建工作站菜单

(2) 进行相关参数的设置，主要涉及解决方案名称、保存位置、控制器名称、RobotWare版本、机器人型号等方面的参数。初次创建，所有参数使用默认值，参数设置界面如图 2-3所示。

工作站和机器人控制器解决方案

解决方案名称
Solution1

位置:
E:\Study

控制器
　名称:
　IRB_120_3kg_0.58m

　位置:
　E:\Study\Solution1\Systems

　RobotWare:　　　　　　　　　　　　　　　　　　　　　位置...
　6.06.00.00

⦿ 新建
　机器人型号:
　IRB 120 3kg 0.58m
　　□ 自定义选项

○ 从备份创建

图 2-3　新工作站和机器人控制器解决方案的参数设置页面

(3) 参数设置完成后，点击"创建"按钮，即可完成新工作站和机器人控制器解决方案的创建。

需要注意的是，默认创建的工业机器人型号是 IRB120，创建过程中会弹出选择"120_0.58_3(ROB_1)的库"的界面，这是因为库文件中存在多个类型的 IRB120 机器人，本任务选择第一个选项，如图 2-4 所示。点击"确定"按钮，新的工作站和机器人控制器解决方案创建完成。

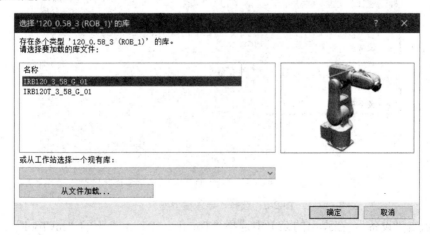

图 2-4　选择库文件界面

2.2.2　导入机器人周边模型

新的工作站和机器人控制器解决方案创建完成后，如图 2-5 所示，此时工作站中只有机器人 IRB120 模型，其余模型需要进一步添加。

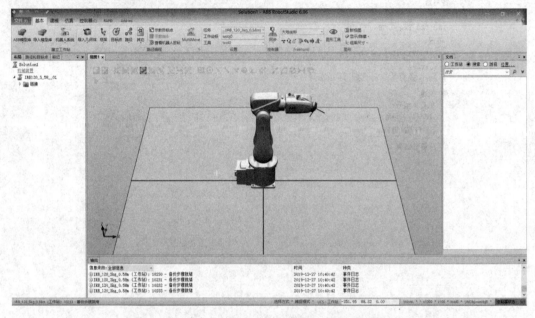

图 2-5　创建完成的新工作站和机器人控制器解决方案

接下来通过"导入模型库"导入 RobotStudio 软件内部的模型，完成循迹任务工作站的搭建，具体的操作步骤如下：

(1) 选择基本功能选项卡下的"导入模型库"，如图 2-6 所示。

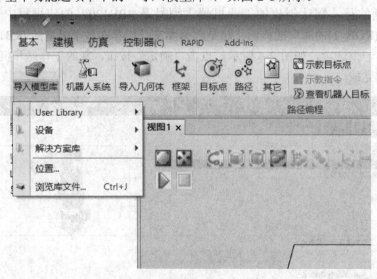

图 2-6　选择"导入模型库"

(2) 点击"设备"，在弹出的菜单中选择"Training Objects"下的"myTool"工具，导入工具模型，如图 2-7 所示。

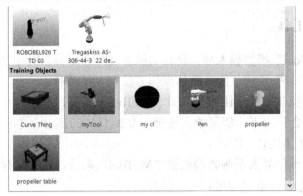

图 2-7　导入"myTool"工具

（3）再次点击"设备"，在弹出的菜单中选择"Training Objects"下的"propeller table"，导入工作台模型，如图 2-8 所示。

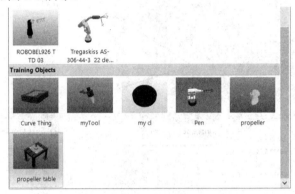

图 2-8　导入"propeller table"工作台

机器人周边模型导入完成后，如图 2-9 所示，此时"myTool"工具和"propeller table"工作台位置都是默认位置。

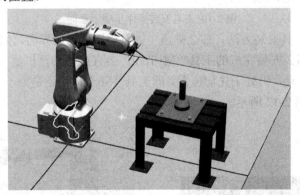

图 2-9　导入完成的机器人周边模型图片

◇ 小贴士

视图界面中，按住"Ctrl"键和鼠标左键，可以平移拖动视图；同时按住"Ctrl"键＋"Shift"键＋鼠标左键，可以翻转视图。通过调整，可以方便地观察建模情况。

2.2.3　安装训练工具

训练工具"myTool"模型导入后,将自动放置在坐标原点。为了使用,需要将它安装到机器人第六轴的工具安装法兰上,具体操作方法有以下两种:

(1) 用鼠标选中操作界面左侧布局栏里"MyTool"条目,右击弹出菜单,在菜单中选择"安装到",此时会弹出下一级菜单,选择安装到具体的部件,本任务选择第一个选项"IRB120_3_58_01 T_ROB1"即可。

(2) 用鼠标选中操作界面左侧布局栏里"MyTool"条目,按住鼠标左键的同时拖动至上方"IRB120_3_58_01"条目即可。

具体的工具安装操作步骤示意如图 2-10 所示。

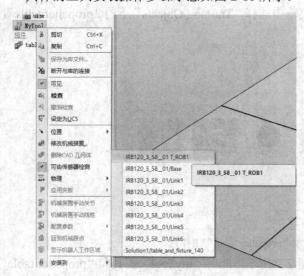

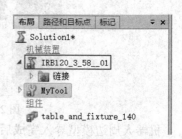

(a) 工具安装方法一　　　　　　　　　　　　　(b) 工具安装方法二

图 2-10　工具安装操作步骤示意图

无论采用哪种工具安装方法,都会弹出"更新位置"确认界面,如图 2-11 所示。此时选择"是"选项,那么安装完成的工具"MyTool"会直接移动至机器人第六轴的工具安装法兰处;否则工具不动,仍处于先前位置,即工具"MyTool"还是处于大地坐标原点位置。工具安装完成后如图 2-12 所示。

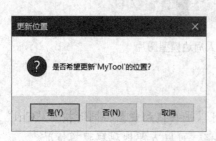

图 2-11　"更新位置"确认界面　　　　　　　　图 2-12　工具安装完成截图

2.2.4　显示机器人工作区域

在摆放工作台模型前，需要明确机器人的工作范围。在 RobotStudio 软件中，可以使用图形显示机器人的工作区域，以便进行模型的布局。显示机器人工作区域的操作步骤如图 2-13 所示。在布局栏中，选中"IRB120_3_58_01"条目，右击鼠标弹出菜单，在弹出的菜单中选择"显示机器人工作区域"条目。

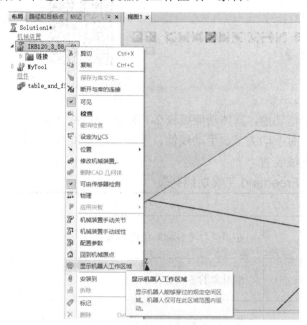

(a) 显示机器人工作区域菜单　　　　　　　(b) 工作空间显示选择

图 2-13　显示机器人工作区域的操作步骤示意图

此时会弹出工作空间显示选择界面，"显示工作空间"选择"当前工具"，显示的工作空间将包含工具尺寸，显示模式可以选择"2D 轮廓"或"3D 体积"，如图 2-14 所示。根据实际情况，选择合理的显示方式，以便布局模型。

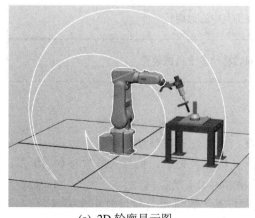
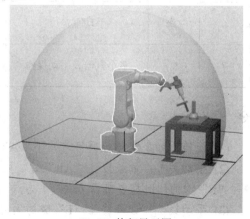

(a) 2D 轮廓显示图　　　　　　　　　(b) 3D 体积显示图

图 2-14　机器人工作区域显示图

2.2.5　利用 Freehand 工具操作周边模型

利用 Freehand 工具可以方便快捷地完成"propeller table"的布置。该工具位于基本或建模功能选项卡下，如图 2-15 所示。Freehand 工具主要由两大部分组成：上方是坐标系选项，可以根据具体任务要求选择不同的坐标系；下方并列的七个图标选项则是具体动作功能选项。

图 2-15　Freehand 工具栏

搭建工作站环境

七个图标选项对应七种不同的动作功能，具体功能如表 2-1 所示。其中，移动、旋转、拖曳的对象可以是任意支持的模型，而手动关节、手动线性、手动重定位和多个机器人手动操作支持的是机器人本体模型或机械装置。

表 2-1　Freehand 工具功能列表

序号	图标	名　称	作　　用
1		移动	在当前参考坐标系统中拖放对象
2		旋转	沿对象的各轴旋转
3		拖曳	拖曳取得物理支持的对象
4		手动关节	移动机器人或机械装置各轴
5		手动线性	在当前工具定义的坐标系中线性移动
6		手动重定位	绕工具中心点旋转
7		多个机器人手动操作	同时移动多个机械装置

◇ 小贴士

(1) 旋转：如果在旋转项目时按下"Alt"键，则旋转一次移动 10 度。

(2) 手动关节：如果按住"Alt"键，同时拖曳机器人关节，机器人每次移动 10 度。按住"F"键的同时拖曳机器人关节，机器人每次移动 0.1 度。

(3) 手动线性：如果按住"F"键的同时拖曳机器人，机器人将以较小步幅移动。

(4) 手动重定位：如果在重定位时按下"Alt"键，则机器人的移动步距为 10 度，如果按下"F"键，则移动步距为 0.1 度。

本任务放置"propeller table"时，选择大地坐标作为参考坐标系，使用"移动"工具将"propeller table"模型拖动至机器人工作空间内，完成整个工作站模型布局，如图 2-16 所示。选择"移动"工具后，在"propeller table"模型处会产生一个与当前坐标系同向的拖动三维方向条，根据任务要求，在需要的方向上拖动即可。

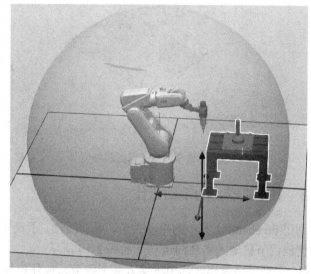

(a)　"移动"工具选项设置　　　　　　　　　(b)　拖动"propeller table"模型

图 2-16　"移动"工具拖动"propeller table"模型步骤示意

任务 2.3　工业机器人工件坐标系的创建

【任务目标】

(1) 认识工件坐标系。

(2) 掌握工业机器人的手动操作方法。

(3) 掌握创建工件坐标系的方法。

2.3.1　认识工件坐标系

工件坐标对应工件，它定义的是工件相对于大地坐标的位置。一个机器人可以有若干工件坐标系，或者表示不同工件，或者表示同工件在不同位置的若干副本。机器人进行编程时就是在工件坐标中创建目标和路径。设置工件坐标系有如下优点：

(1) 重新定位工作站中的工件时，只需更改工件坐标的位置，所有路径将随之更新，不需要重新编辑路径。

(2) 允许操作随外部轴或传送导轨移动的工件，因为整个工件可连同其路径一起移动。

例如，A 是机器人的大地坐标系，为了方便编程，给第一个工件建立了一个工件坐标 B，并在这个工件坐标 B 中进行轨迹编程。如果工作台上还有一个一样的工件需要走一样的轨迹，那只需建立一个工件坐标 C，将工件坐标 B 中的轨迹复制一份，然后将工件坐标从 B 更新为 C，则无须对一样的工件进行重复轨迹编程了，如图 2-17 所示。

如果在工件坐标 B 中对 A 对象进行了轨迹编程，当工件坐标位置变化成工件坐标 D 后，只需在机器人系统重新定义工件坐标 D，则机器人的轨迹就自动更新到 C，不需要再次轨迹编程。因 A 相对于 B，C 相对于 D 的关系是一样的，并没有因为整体偏移而发生变化，如图 2-18 所示。

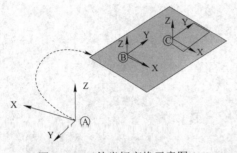
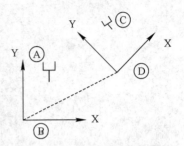

图 2-17 工件坐标变换示意图 1   图 2-18 工件坐标变换示意图 2

2.3.2 工业机器人的手动操作

利用 Freehand 工具中的手动关节、手动线性、手动重定位和多个机器人手动操作可以很方便地调节机器人本体的运动，如图 2-19 所示。

(1) 手动关节操作时选中机器人某个关节，按住鼠标左键拖动，即可旋转。

(2) 手动线性操作时选择对应机器人本体，自动在机器人选定的工具 TCP(Tool Center Point，工具中心点)处形成自由拖动坐标，选择相应移动方向，按住鼠标左键即可线性拖动。

(3) 手动重定位操作时选择对应机器人本体，自动在机器人选定的工具 TCP 处形成自由旋转拖动坐标，选择相应旋转方向，按住鼠标左键即可旋转拖动。

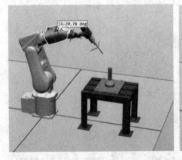
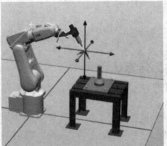

(a) 手动关节操作   (b) 手动线性操作   (c) 手动重定位操作

图 2-19 工业机器人手动操作示意图

多个机器人手动操作主要用于多个机器人或机械装置的选择切换。工件坐标和工具的选择可以在基本功能选项卡下的设置菜单中切换，当前任务默认的工件坐标是"wobj0"，默认的工具是"MyTool"。

◇ 小贴士

TCP(Tool Center Point，工具中心点)，一个工具可以有一个 TCP，也可以有多个 TCP，建立 TCP 的时候要用不同命名加以区分。

2.3.3 创建工件坐标系

在 RobotStudio 软件中创建工件坐标系的方法有两种，第一种是利用虚拟示教器创建(和现场编程类似)，在软件环境中可以结合 Freehand 工具，使用"3 点法"快速地完成工件坐标的创建，具体的步骤如下：

创建工件坐标

(1) 在控制器功能选项卡下，依次点击"示教器"→"虚拟示教器"，启动虚拟示教器，如图 2-20 所示。

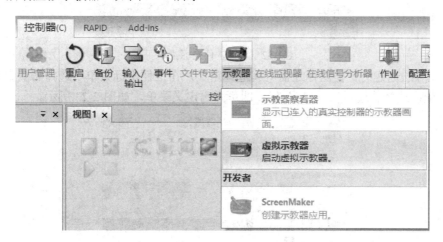

图 2-20 启动虚拟示教器

(2) 在手动模式下，选择进入"手动操纵"菜单，如图 2-21 所示。

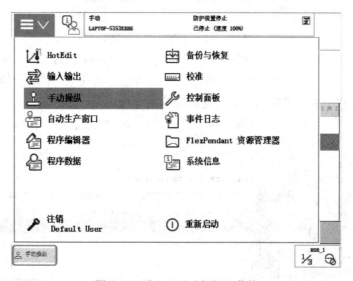

图 2-21 进入"手动操纵"菜单

(3) "手动操纵"菜单下，点击"工件坐标"，进入工件坐标菜单，然后点击"新建"，弹出新建工件坐标菜单，如图 2-22 所示，根据任务要求设置相关参数，最后点击"确定"完成工件坐标创建。

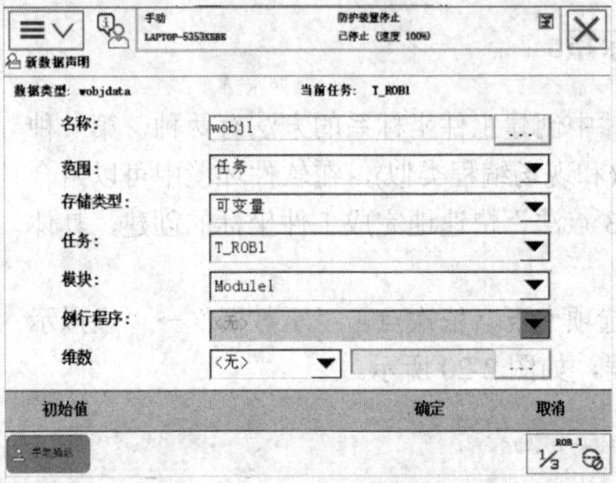

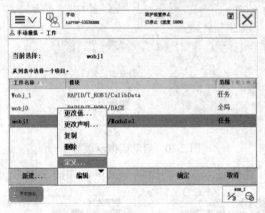

图 2-22　新建工件坐标菜单

(4) 此方法创建的工件坐标还需对其进行定义，在工件坐标菜单中选择需要定义的工件坐标，依次选择"编辑"→"定义"，即可弹出定义菜单，如图 2-23 所示。

图 2-23　打开工件坐标定义菜单

(5) 工件坐标定义菜单中选择用户方法"3 点"，结合 Freehand 工具，依次完成 3 个点的定义，如图 2-24 所示，使用 Freehand 工具中的线性运动选项，拖动机器人工具捕捉到工作台对应点，然后点击"修改位置"即可完成用户点定义。

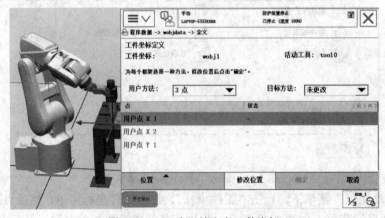

图 2-24　"3 点"法定义工件坐标

第二种方法是利用 RobotStudio 软件菜单创建，该方法直接利用软件菜单中的创建工件坐标选项完成工件坐标的创建，具体的操作步骤如下：

(1) 选择基本功能选项卡中的"其它"，点击"创建工件坐标"，如图 2-25 所示。

图 2-25　选择"创建工件坐标"菜单

(2) 弹出创建工件坐标菜单，新建工件坐标名称命名为"Wobj_1"，如图 2-26 所示。

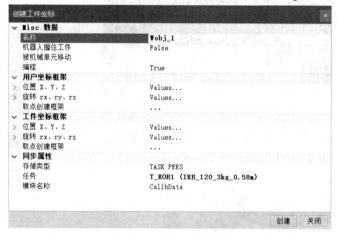

图 2-26　新建工件坐标名称命名

(3) 此方法创建坐标框架有两种方法，本任务选择"工件坐标框架"法取点创建框架，选择"取点创建框架"，弹出取点选项，选择"三点"法，如图 2-27 所示。

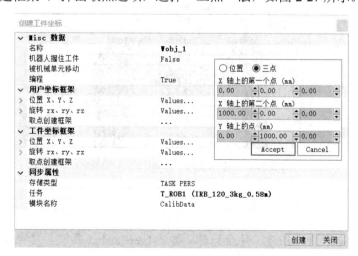

图 2-27　选择"工件坐标框架"取点创建框架

(4) 根据工件坐标要求进行取点，此时把捕捉菜单中的"捕捉末端"打开，可以更为便捷的取点，各点的坐标参数如图 2-28 所示。

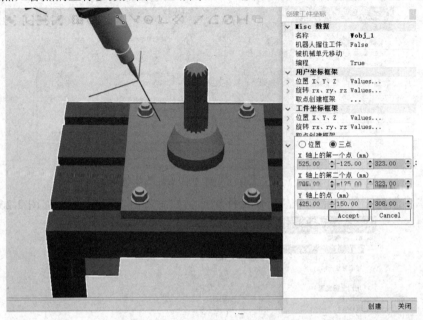

图 2-28　各点坐标参数

(5) 点击"Accept"，完成"Wobj_1"工件坐标的创建，创建完成后会在工件坐标处生成一个坐标系，如图 2-29 中圆圈所示。

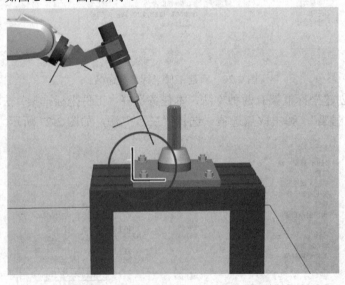

图 2-29　创建完成的"Wobj_1"工件坐标

◇ 小贴士

在 RobotStudio 软件中创建工件坐标时，借助 Freehand 工具和合理的捕捉模式，可以大大提高创建效率。

任务2.4　工业机器人手动运动轨迹程序的创建

【任务目标】

(1) 学会创建空路径。

(2) 掌握创建目标点的方法。

(3) 学会示教指令。

创建轨迹程序

2.4.1　创建空路径

模型搭建好后，需要进行运动轨迹程序的创建，本任务主要使用手动运动轨迹创建方法完成工业机器人循迹任务轨迹程序的创建。首先创建空路径，在基本功能选项卡下，选择"路径"，在弹出列表中选择"空路径"，此时将创建一个无指令的新路径，如图 2-30 所示。

图 2-30　创建空路径

空路径创建完成后，会在左侧路径和目标点选项下，生成一个名为"Path_10"的空路径，如图 2-31 所示。如果需要修改这个名称，选中"Path_10"右击选择重命名即可。需要注意的是，重命名的名称可以由字母、阿拉伯数字、下画线组成，但不能有中文。

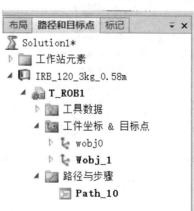

图 2-31　空路径创建完成示意图

2.4.2 创建目标点

空路径创建好之后，需要进行目标点的添加，目标点就是机器人中间经过的各个关键点，它的创建方法有两种：一种是通过目标点创建目标；另一种是直接示教创建目标点。如图 2-32 所示。

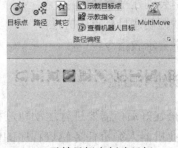

(a) 目标点创建目标　　　　　　　　(b) 示教目标点创建目标

图 2-32　目标点创建方法

两种方法均可用于创建目标点，值得注意的是目标点属于哪个工件坐标系下，由操作界面左下角的状态栏进行选择，如图 2-33 所示。

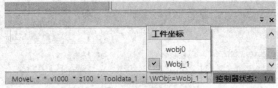

图 2-33　工件坐标选择界面

本项目中的目标点选择工件坐标系"Wobj_1"，一旦创建成功，会自动在所属工件坐标系下生成目标点，并自动进行命名，如图 2-34 所示。为了快捷地选择具体的目标点，RobotStudio 软件提供了一系列的选择方式和捕捉模式，如图 2-35 所示，操作空间上方亦有对应的快捷按钮，根据任务要求，选择合理的选择方式和捕捉模式可以做到事半功倍。

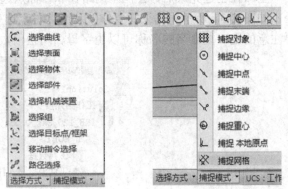

图 2-34　创建好的目标点示意图　　　　　图 2-35　选择方式和捕捉模式

◇ 小贴士

目标点也可以直接在示教指令下同步生成，不提前创建。

2.4.3　示教指令

选中目标点，机器人将自动跳转至目标点当前位置，点击示教指令，即可完成示教，如图 2-36 所示。示教指令参数设置可以在操作空间的左下角进行选择，如图 2-37 所示，主要涉及机器人的运动方式、速度、转弯区半径、工具选择、工件坐标系选择等，其中，工具和工件坐标也可以在基本菜单下的设置栏进行设置。

图 2-36　示教指令

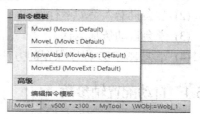

图 2-37　指令参数设置界面

对于无目标点的指令示教，步骤类似，首先将机器人移动到目标点，设置好相关参数，点击示教指令，将同步生成目标点和指令。根据工业机器人循迹任务的要求，各步骤运动指令及参数如表 2-2 所示。

表 2-2　各步骤运动指令参数列表

步骤	运动指令	速度	转弯区半径	工具	工件坐标
1	MoveJ	V100	Z50	MyTool	Wobj_1
2	MoveJ	V50	Z5	MyTool	Wobj_1
3	MoveL	V50	Z5	MyTool	Wobj_1
4	MoveL	V50	Z5	MyTool	Wobj_1
5	MoveL	V50	Z5	MyTool	Wobj_1
6	MoveL	V50	Z5	MyTool	Wobj_1
7	MoveJ	V100	Z50	MyTool	Wobj_1

各步骤示教完成后，操作界面左侧路径和目标点栏会生成相应的指令，如图 2-38 所示，同时在机器人操作空间中，自动生成相应的轨迹路线。

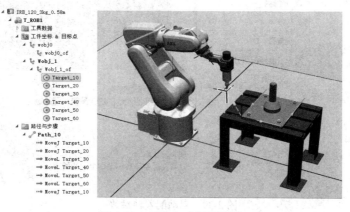

图 2-38　示教完成界面截图

任务 2.5　工业机器人的仿真运行

【任务目标】
(1) 掌握自动配置轴参数的方法。
(2) 学会机器人手动运行调试。
(3) 学会自动仿真运行。
(4) 掌握 RAPID 程序保存的方法。

仿真调试

2.5.1　自动配置轴参数

机器人到达目标点需要多个关节轴配合运动，因此要为这些运动的关节轴进行参数配置。本任务采用自动轴参数配置，具体的方法如下：选中路径"Path_10"后，右击鼠标弹出相应的菜单选项，选择自动配置，此时会有两个选项：① 线性/圆周移动指令，该方法自动配置线性和圆周运动，但维持各关节的配置；② 所有移动指令，该方法将计算路径中所有移动指令的配置。本项目中的轨迹程序涉及关节运动指令和线性移动指令，因此选择"所有移动指令"的操作步骤如图 2-39 所示。自动配置时，机器人会模拟运行一遍，若轨迹没有问题，各指令没有任何显示，若轨迹有问题，则会在相应指令上有问号或感叹号提示，这个情况在后面复杂任务中会经常遇到。

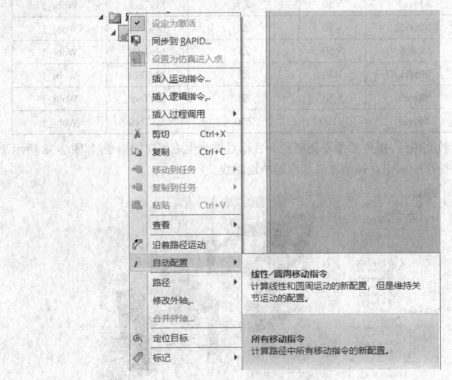

图 2-39　自动配置轴参数

2.5.2 手动运行调试

自动配置轴参数完成后，可以手动运行，查看机器人的运行效果，并根据运行情况对程序进行相应调试。具体的操作步骤：选中路径"Path_10"后，右击鼠标弹出相应的菜单选项，选择"沿着路径运动"，如图2-40所示，之后将会看到机器人按照指令开始运动，根据运动情况，可以对程序进行相应的调试。

 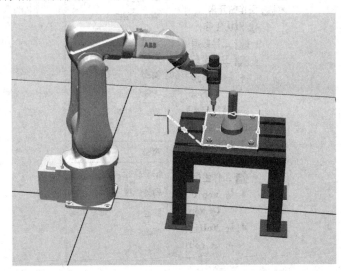

图2-40 手动运行调试步骤示意图

◇ 小贴士

为了直观的查看程序运行效果，可以将转弯区半径改成Z50，甚至更大，然后再观看运行轨迹，如图2-41所示。

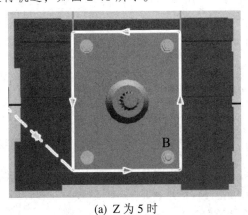 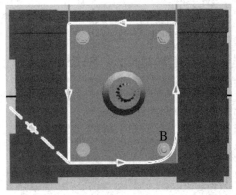

(a) Z 为 5 时　　　　　　　　　　　　(b) Z 为 50 时

图2-41 B 点不同转弯区半径运行轨迹效果图

2.5.3 自动仿真运行

程序经手动调试完成后，可以进行自动仿真运行，具体的操作步骤如下：

(1) 选中路径"Path_10"后，右击鼠标弹出相应的菜单选项，选择"同步到 RAPID"，将工作站程序同步至 RAPID，如图 2-42 所示。

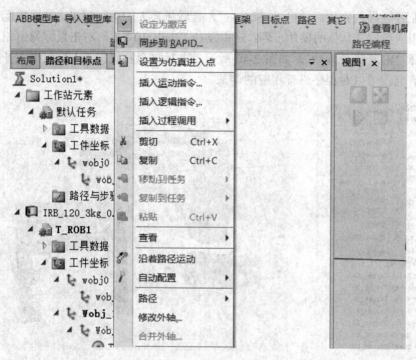

图 2-42 同步到 RAPID

(2) 在弹出的同步到 RAPID 对话框中，选择全部同步，单击"确定"，完成所有数据同步，如图 2-43 所示。

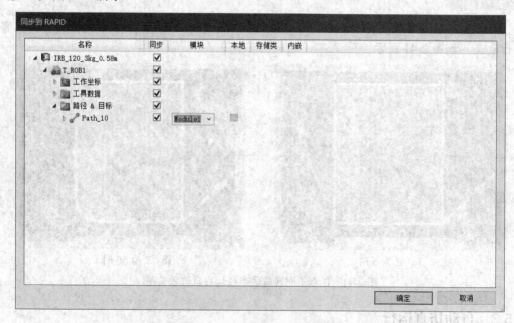

图 2-43 同步到 RAPID 对话框

(3) 再次选中路径"Path_10"后，右击鼠标，在弹出的菜单选项中选择"设置为仿真进入点"，将"Path_10"设置为仿真进入点，如图2-44所示。

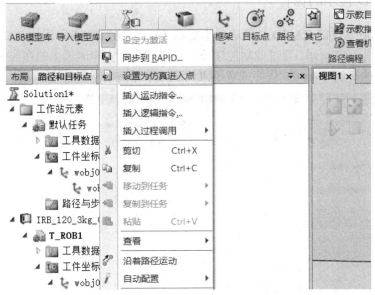

图2-44　设置仿真进入点

（4）在仿真功能选项卡下，仿真控制组内按下播放键，机器人即可自动仿真运行，通过仿真控制按钮可以进行相应控制，如图2-45所示。

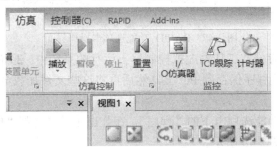

图2-45　自动仿真控制操作步骤示意图

自动仿真进行时，机器人将按照之前创建好的轨迹进行运动，借助自动仿真运行的结果，可以对程序进行有效的评估，自动仿真运行截图如图2-46所示。

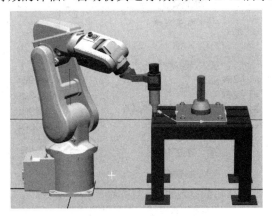

图2-46　自动仿真运行截图

2.5.4　RAPID 程序的保存

RobotStudio 软件的 RAPID 功能选项卡提供了用于创建、编辑和管理 RAPID 程序的工具和功能，如图 2-47 所示。通过此功能选项卡可以管理真实控制器上的在线 RAPID 程序、虚拟控制器上的离线 RAPID 程序或者不隶属于某个系统的单机程序。

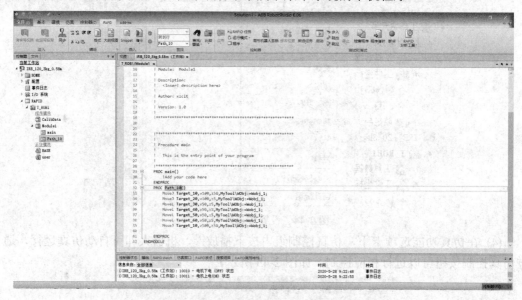

图 2-47　RAPID 功能选项卡操作界面

RAPID 程序通常存储在工作站虚拟控制器上运行的系统中。要将程序复制到其它控制器系统中，需要将这些程序保存到 PC 上，然后再将这些文件加载至目标控制器。具体的操作步骤如下：

(1) 点击 RAPID 功能选项卡下的"程序"，在弹出菜单中选择"保存程序为..."，弹出程序保存对话框，如图 2-48 所示。

图 2-48　选择"保存程序为..."

(2) 在弹出的另存为对话框中，选择保存路径，设置保存文件夹名称，点击"保存"，即可完成程序保存输出，如图 2-49 所示，此方法保存的程序文件夹包含了系统内全部 RAPID 程序模块以及 IRC5 程序文件。

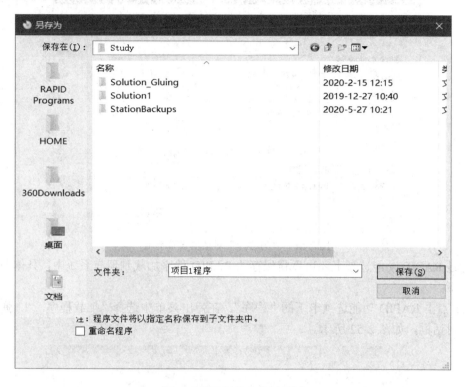

图 2-49 设置另存为对话框

如果只想保存或输出其中一个程序模块，还可以这样操作，在控制器浏览器中，右键单击工作站下的需要保存的程序模块，然后选择"保存模块为…"，如图 2-50 所示。

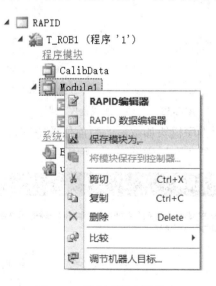

图 2-50 选择"保存模块为…"

接着在显示的"另存为"对话框中，找到用于保存程序的位置，单击"保存"即可，如图 2-51 所示。

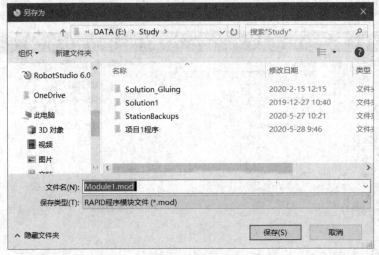

图 2-51　"另存为"对话框设置界面

通过 RAPID 功能选项卡还可以将保存的 RAPID 程序加载到现有系统中，具体的操作步骤如下：

(1) 点击 RAPID 功能选项卡下的"程序"，在弹出菜单中选择"加载程序…"，弹出程序加载对话框，如图 2-52 所示。

图 2-52　选择"加载程序…"

(2) 此时会弹出提示"新程序模块加载后，当前任务中的程序模块将被移除。是否继续加载新的程序模块？"，点击"是"，如图 2-53 所示。

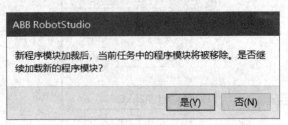

图 2-53　确认提示

（3）在弹出的程序加载对话框中，选择需要加载的程序文件，这里需要注意，通过该方法加载的是 IRC5 程序文件，包含了所有的程序模块，如图 2-54 所示。点击"打开"，即可完成程序文件的加载。

图 2-54　选择加载程序文件

如果只想加载其中一个程序模块，点击 RAPID 功能选项卡下的"程序"，在弹出菜单中选择"加载模块…"，弹出模块加载对话框，在对话框中选择需要加载的模块即可，如图 2-55 所示。

图 2-55　选择加载模块文件

工业机器人循迹任务的完整程序如下：

```
PROC Path_10()
    MoveJ Target_10, v100, z50, MyTool\WObj := Wobj_1;
    MoveJ Target_20, v100, z5, MyTool\WObj := Wobj_1;
    MoveL Target_30, v50, z5, MyTool\WObj := Wobj_1;
    MoveL Target_40, v50, z5, MyTool\WObj := Wobj_1;
    MoveL Target_50, v50, z5, MyTool\WObj := Wobj_1;
    MoveL Target_60, v50, z5, MyTool\WObj := Wobj_1;
    MoveL Target_10, v100, z50, MyTool\WObj := Wobj_1;
ENDPROC
```

◇ 小贴士

保存的程序模块文件后缀名为 mod，此文件既可以用 RobotStudio 软件打开，也可以在没有安装 RobotStudio 软件的电脑上用记事本打开。

项 目 总 结

工业机器人循迹任务是指装有训练工具的 IRB 120 工业机器人，沿着工作台模型边缘遍历一圈，本项目以循迹任务引领，讲解相关知识点，主要包括创建工作站和机器人控制器解决方案、导入机器人周边模型、利用 Freehand 工具操作周边模型、创建工件坐标系、手动创建运动轨迹程序、自动配置轴参数以及 RAPID 程序保存等内容。

项 目 作 业

一、填空题

1. 在左侧布局栏选中机器人模型，单击鼠标选择＿＿＿＿＿＿可以查看机器人的工作区域，方便工作站布局。

2. 工具模型导入后，将自动放置在坐标原点，为了使用，需要将它安装到＿＿＿＿上。

3. Freehand 工具可以支持移动、旋转、＿＿＿＿、＿＿＿＿、＿＿＿＿、＿＿＿＿和多个机器人手动操作等功能。

4. 工件坐标对应工件，它定义的是工件相对于＿＿＿＿＿＿的位置。

5. RobotStudio 软件的RAPID 功能选项卡提供了用于＿＿＿、＿＿＿和＿＿＿RAPID 程序的工具和功能。

6. RobotStudio 6.06 中捕捉方式主要有＿＿＿＿＿、＿＿＿＿＿＿、＿＿＿＿＿、捕捉末端、捕捉边缘、捕捉重心、捕捉本地原点和捕捉网格 8 种。

二、判断题

1. 训练工具"myTool"模型导入后，将自动安装到机器人第六轴的工具安装法兰上。
（　　）

2. 利用 Freehand 工具进行模型布局时，可以根据具体任务要求，选择不同的坐标系。
（　　）

3. 一个机器人可以有若干工件坐标系，或者表示不同工件，或者表示同工件在不同位置的若干副本。
（　　）

4. 机器人到达目标点，需要多个关节轴配合运动，因此要为这些运动的关节轴进行参数配置。
（　　）

5. RAPID 程序通常存储在工作站虚拟控制器上运行的系统中。
（　　）

三、选择题

1. FreeHand 工具进行工业机器人的手动操作方式有(　　)。

A. 手动关节　　　B. 手动线性　　　C. 手动重定位　　　D. 以上都是

2. 常见的工业机器人工件坐标的建立方法有(　　)。

A. 一点法　　　　B. 两点法　　　　C. 三点法　　　　D. 坐标法

项目三　工业机器人涂胶任务编程与仿真

【项目目标】

熟悉工业机器人涂胶工作任务的具体要求，掌握工业机器人涂胶工作站的构建方法，学会自动创建工业机器人涂胶运动轨迹程序，掌握涂胶工作站的仿真运行与调试方法，学会项目的打包与解包。

任务 3.1　工业机器人涂胶工作任务简介

【任务目标】

(1) 了解工业机器人涂胶作业的应用场合。

(2) 掌握工业机器人涂胶工作任务要求以及具体任务内容。

在汽车制造工厂中，需要在总装车间完成前、后风挡玻璃的涂胶及装配工序，而装配品质由涂胶质量及安装质量共同决定，涂胶及装配质量直接影响整车的降噪、防漏水品质，同时还影响用户对整车的感觉，所以越来越多的总装车间采用机器人来完成涂胶及装配工作，以保证涂胶和装配品质。图 3-1 所示为机器人玻璃涂胶工作站实景。

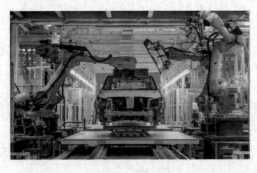

图 3-1　机器人玻璃涂胶工作站实景

据统计，借助机器人玻璃涂胶安装工作站，生产工艺的自动化程度大幅提高，较传统的人工玻璃安装工艺至少可以提高 20%的节拍；降低了工人的劳动强度；提高了涂胶及装配质量；可以节约 10%的原料，能够保证胶型控制精度为 ±0.5 mm；安装精度在 ±0.8 mm，保证了风挡玻璃装配质量的稳定性。

本项目以工业机器人涂胶任务为例，通过离线编程的方式实现工业机器人涂胶任务的编程与调试。为了简化任务，涂胶工艺中的部分步骤简化，默认玻璃风挡到位后，开始编程操作，胶枪由机器人 I/O 信号控制输出和停止，不考虑胶枪的其它参数的设定。工业机器人涂胶工作站如图 3-2 所示。

图 3-2　工业机器人涂胶工作站示意图

任务 3.2　工业机器人涂胶仿真工作站的构建

【任务目标】

(1) 掌握创建空工作站解决方案的方法。

(2) 学会工业机器人模型的选择和导入。

(3) 掌握机器人系统的创建方法。

(4) 掌握基本建模功能和测量功能。

(5) 学会导入外部模型。

3.2.1　创建空工作站解决方案

本项目采用 RobotStudio 软件创建工作站的第一种方法，即建立空工作站解决方案。选择此方法的界面如图 3-3 所示。此方法需要设置解决方案名称及存储位置。设置完相关参数后，点击"创建"，即可完成一个空工作站解决方案的创建。

图 3-3　建立空工作站解决方案

3.2.2　工业机器人模型的选择和导入

空工作站解决方案创建完成后，需要根据工作任务要求进行相应的工业机器人模型导入，具体的操作步骤如下：

(1) 在基本功能选项卡下，点击"ABB 模型库"，弹出下拉菜单，其中展示了 ABB 模型库里的所有机器人模型，通过下拉滚动条，还可以看到变位机模型和导轨模型。根据任务要求，点击选择 IRB 2600 机器人模型，如图 3-4 所示。

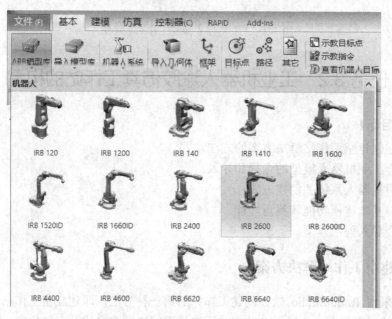

图 3-4　选择 IRB 2600 机器人模型

(2) 选择 IRB 2600 机器人模型后会弹出机器人规格设置界面，如图 3-5 所示。IRB 2600 机器人有 12 kg 和 20 kg 两种容量规格，其工作范围有 1.65 m 和 1.85 m 两种选择，可根据实际工况选择相应的规格。本项目选择容量 12 kg，工作范围 1.85 m，选定后点击"确定"，即可完成机器人模型的导入。完成后操作界面中将出现一个 IRB 2600 机器人模型。

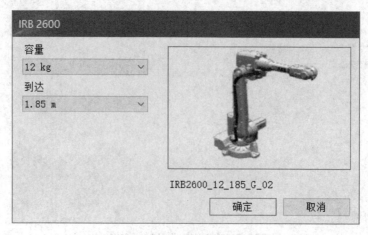

图 3-5　IRB2600 机器人规格设置界面

3.2.3　创建机器人系统

IRB 2600 机器人模型导入后，机器人是没有配备系统的。也就是说，该机器人只是模型，无法运动，这时我们需要创建机器人系统。

创建机器人系统有以下三种方法：

(1) 从布局：该方法根据创建好的机器人模型自动匹配合适的机器人系统。

(2) 新建系统：该方法完全创建一个新的系统并添加到工作站中。

(3) 已有系统：将已创建好的系统添加到当前工作站中。

机器人系统创建方法选择界面如图 3-6 所示。

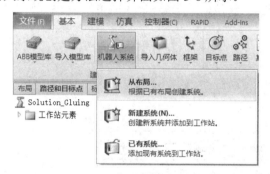

创建机器人及其系统

图 3-6　机器人系统创建方法选择界面

本任务选择第一种方法"从布局"创建机器人系统，软件会根据当前创建的机器人模型自动匹配并创建合适的机器人系统。选择此方法后，会弹出从布局创建系统的对话框，根据对话框内容提示，完成相关参数设置即可。具体的操作步骤如下：

(1) 在"系统名字和位置"页面，设置所创建的系统名称及存储位置，如图 3-7 所示。需要注意的是，名称和存储位置不支持中文。设置完成后点击"下一个"。

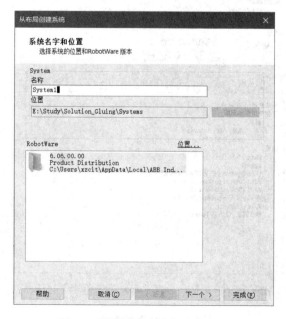

图 3-7　设置系统名字和存储位置

（2）在"选择系统的机械装置"页面，默认选择当前创建的机器人作为系统的控制对象，如图3-8所示，勾选完成后点击"下一个"。

图3-8　选择系统的机械装置

（3）在"系统选项"页面，可以配置当前机器人系统的参数，默认的系统参数将在概况处列出，如图3-9所示。若需要更改选项，点击"选项…"按钮，弹出"更改选项"页面，如图3-10所示，设置完成后，点击"完成"即可。

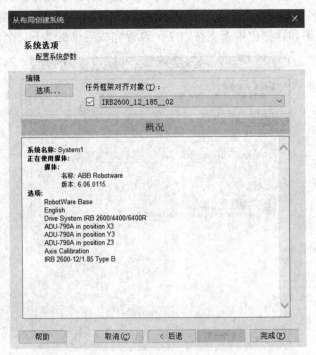

图3-9　系统选项页面

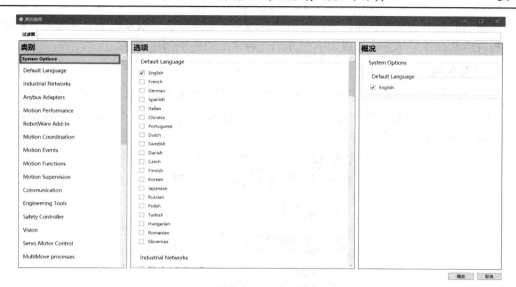

图 3-10　"更改选项"界面

在"更改选项"页面下可以设置机器人系统的默认语言、支持的现场总线形式、运动功能、伺服电机控制等参数。根据具体的任务要求，配置相关参数，点击"确定"即可完成更改选项。

机器人系统创建完成后，在软件操作界面右下角会显示控制器状态，如图 3-11 所示。绿色代表系统已经启动。点击后，可以看到工作站控制器名称(刚才设置的名称)、系统状态以及机器人当下模式。

图 3-11　工作站控制器状态

3.2.4　基本建模功能

RobotStudio 软件提供了基本的建模功能，切换到建模功能选项卡，如图 3-12 所示，借助建模选项卡下的创建功能组和 CAD 操作功能组，可以创建工作站所需要的模型。

图 3-12　建模功能选项卡界面

　　创建功能组中主要由固体、表面、曲线及边界等创建方法，以及电缆、物理关节和物理地板等特殊部件创建方法组成。下面介绍几种常用的模型创建方法。

　　1. 固体创建

　　单击"固体"，在弹出的菜单中，选择想要创建的固体的类型以打开创建对话框，如图 3-13 所示。固体创建菜单中主要包括矩形体、3 点法创建立方体、圆锥体、圆柱体、锥体和球体几种模型的创建。

图 3-13　固体创建选择菜单

　　1) 矩形体

　　选择"矩形体"，将弹出"创建方体"对话框，如图 3-14 所示。在该对话框内设置相关参数，即可完成矩形体的创建。

　　假定角点为 A，长度为 B，宽度为 C，高度为 D，矩形体的具体尺寸位置信息如图 3-15 所示。根据矩形体模型的尺寸要求输入相应参数即可生成需要的模型，其各输入框中参数的具体含义如表 3-1 所示。

图 3-14　"创建方体"对话框

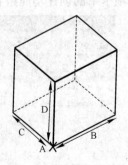

图 3-15　矩形体示意图

表 3-1 "创建方体"对话框中各参数的说明列表

序号	参 数	说 明
1	参考	选择要与所有位置或点关联的参考坐标系
2	角点 A(mm)	单击这些框之一，然后在图形窗口中单击相应的角点，则会将这些值传送至角点框，或者键入相应的位置。该角点将成为该框的本地原点
3	方向(deg)	如果对象将根据参照坐标系旋转，请指定旋转
4	长度 B(mm)	指定该矩形体沿 X 轴的尺寸
5	宽度 C(mm)	指定该矩形体沿 Y 轴的尺寸
6	高度 D(mm)	指定该矩形体沿 Z 轴的尺寸

2）3 点法创建立方体

选择"3 点法创建立方体"，将弹出"从 3 个点创建方体"对话框，如图 3-16 所示。在该对话框内设置相关参数，即可完成 3 点法创建立方体。

假定角点为 A，XY 平面对角线上的点为 B，Z 轴指示点为 C，3 点法创建立方体的尺寸位置信息如图 3-17 所示。根据立方体模型的尺寸要求输入相应参数即可生成需要的模型，其各输入框中参数的具体含义如表 3-2 所示。

图 3-16 "从 3 个点创建方体"对话框

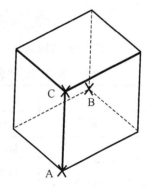

图 3-17 3 点法创建立方体示意图

表 3-2 "3 个点创建方体"对话框中各参数的说明列表

序号	参 数	说 明
1	参考	选择要与所有位置或点关联的参考坐标系
2	角点(mm)	此点将为立方体的本地原点。键入相关的位置，或在其中一个框中单击，然后在图形窗口中选择相应的点
3	XY 平面对角线上的点(mm)	此点是本地原点的斜对角。它设置了本地坐标系的 X 轴和 Y 轴方向，以及该立方体沿这些轴的尺寸。键入相关的位置，或在其中一个框中单击，然后在图形窗口中选择相应的点
4	指示点 Z 轴(mm)	此点是本地原点上方的角点，它设置了本地坐标系的 Z 轴方向，以及立方体沿 Z 轴的尺寸。键入相关的位置，或在其中一个框中单击，然后在图形窗口中选择相应的点

3) 圆锥体

选择"圆锥体"，将弹出"创建圆锥体"对话框，如图 3-18 所示。在对话框内设置相关参数，即可完成圆锥体的创建。

假定基座中心点为 A，半径为 B，高度为 C，创建圆锥体的尺寸位置信息如图 3-19 所示，根据创建圆锥体模型的尺寸要求输入相应参数即可生成需要的模型，其各输入框参数具体含义如表 3-3 所示。

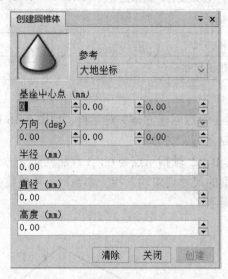

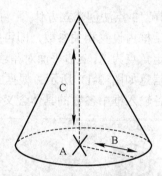

图 3-18　创建圆锥体对话框　　　　　　　图 3-19　创建圆锥体示意图

表 3-3　"创建圆锥体"对话框各参数说明列表

序号	参数	说明
1	参考	选择要与所有位置或点关联的参考坐标系
2	基座中心点 A(mm)	单击这些框之一，然后在图形窗口中单击相应的中心点，将这些值传送至基座中心点框，或者键入相应的位置。该中心点将成为圆锥体的本地原点
3	方向(deg)	如果对象将根据参照坐标系旋转，请指定旋转
4	半径 B(mm)	指定圆锥体半径
5	直径(mm)	指定圆锥体直径
6	高度 C(mm)	指定圆锥体高度

4) 圆柱体

选择"圆柱体"，将弹出"创建圆柱体"对话框，如图 3-20 所示，在对话框内设置相关参数，即可完成圆柱体的创建。

假定基座中心点为 A，半径为 B，高度为 C，创建圆柱体的尺寸位置信息如图 3-21 所示，根据创建圆柱体模型的尺寸要求输入相应参数即可生成需要的模型，其各输入框参数具体含义如表 3-4 所示。

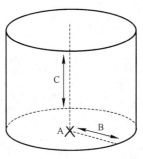

图 3-20　"创建圆柱体"对话框　　　　　图 3-21　创建圆柱体示意图

表 3-4　"创建圆柱体"对话框各参数说明列表

序号	参　数	说　　明
1	参考	选择要与所有位置或点关联的参考坐标系
2	基座中心点 A(mm)	单击这些框之一，然后在图形窗口中单击相应的中心点，将这些值传送至基座中心点框，或者键入相应的位置。该中心点将成为圆柱体的本地原点
3	方向(deg)	如果对象将根据参照坐标系旋转，请指定旋转
4	半径 B(mm)	指定圆柱体半径
5	直径(mm)	指定圆柱体直径
6	高度 C(mm)	指定圆柱体高度
7	创建胶囊体	选择复选框，创建一个圆头圆柱体

5) 锥体

选择"锥体"，将弹出"创建角锥体"对话框，如图 3-22 所示，在对话框内设置相关的参数，即可完成锥体的创建。

图 3-22　"创建角锥体"对话框

假定基座中心点为 A，中心到角点距离为 B，高度为 C，创建锥体的尺寸位置信息如图 3-23 所示，根据创建锥体模型的尺寸要求输入相应参数即可生成需要的模型，其各输入框参数具体含义如表 3-5 所示。

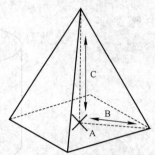

图 3-23　创建锥体示意图

表 3-5　"创建锥体"对话框各参数说明列表

序号	参数	说　　明
1	参考	选择要与所有位置或点关联的参考坐标系
2	基座中心点 A(mm)	单击这些框之一，然后在图形窗口中单击相应的中心点，将这些值传送至基座中心点框，或者键入相应的位置。该中心点将成为锥体的本地原点
3	方向(deg)	如果对象将根据参照坐标系旋转，请指定旋转
4	中心到角点 B(mm)	键入相关的位置，或在该框中单击，然后在图形窗口中选择相应的点
5	从中心到边(mm)	键入相关的位置
6	高度 C(mm)	指定锥体的高度
7	面数	侧面的数量指定最大的侧面数，最大为 50

6) 球体

选择"球体"，将弹出"创建球体"对话框，如图 3-24 所示，在对话框内设置相关参数，即可完成球体的创建。

假定中心点为 A，半径为 B，创建球体的尺寸信息如图 3-25 所示，根据创建球体模型的尺寸要求输入相应参数即可生成需要的模型，其各输入框参数具体含义如表 3-6 所示。

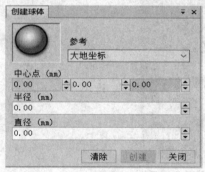

图 3-24　"创建球体"对话框

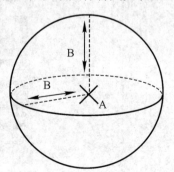

图 3-25　"创建球体"示意图

表3-6　创建球体对话框各参数说明列表

序号	参数	说　明
1	参考	选择要与所有位置或点关联的参考坐标系
2	中心点 A(mm)	单击这些框之一，然后在图形窗口中单击相应的中心点，将这些值传送至 Base Center Point(基座中心点)框，或者键入相应的位置。该中心点将成为球体的本地原点
3	半径 B(mm)	指定球体的半径
4	直径(mm)	指定球体的直径

2. 表面创建

单击"表面"，在弹出的菜单中，选择想要创建表面的类型，打开创建对话框，如图 3-26 所示，根据模型的尺寸要求在创建对话框中输入相应的参数即可完成表面模型的创建。

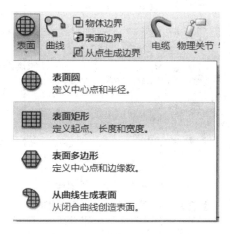

图 3-26　表面模型创建对话框

"表面"创建可以实现表面圆、表面矩形、表面多边形和从曲线生成表面四种类型的表面模型创建，其具体功能如表 3-7 所示。

表3-7　创建表面功能说明列表

类　别	类　型	功　能　说　明
表面	表面圆	创建圆形表面
	表面矩形	创建矩形表面
	表面多边形	创建多边形表面
	从曲线生成表面	创建闭合曲线表面

3. 曲线创建

单击"曲线"，在弹出的菜单中，选择想要创建曲线的类型，打开创建对话框，如图 3-27 所示，根据模型的尺寸要求在创建对话框中输入相应的参数即可完成曲线模型的创建。"曲线"创建可以实现直线、圆、弧线等多种类型的曲线模型创建，其具体分类及功能如表 3-8 所示。

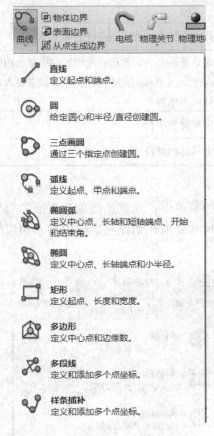

图 3-27　曲线模型创建示意图

表 3-8　创建曲线功能说明列表

类　别	类　型	功　能　说　明
曲线	直线	两点创建直线
	圆	创建圆
	三点画圆	三点创建圆
	弧线	创建弧形
	椭圆弧	创建椭圆弧
	椭圆	创建椭圆
	矩形	创建矩形
	多边形	创建多边形
	多线段	创建多线段
	样条插补	创建样条曲线

4. 其它模型创建

除了上述三种类型模型的创建，软件还支持边界创建、电缆创建、物理关节创建和物理地板创建等几种模型的创建，具体分类及功能如表 3-9 所示。

表 3-9　其它模型创建功能说明列表

类　别	类　型	功　能　说　明
边界	物体边界	两个物体间交叉部分创建边界
	表面边界	选定物体表面周围创建边界
	从点生成边界	由多个点创建边界
电缆	电缆	创建物理系统仿真的电缆
物理关节	旋转关节	用于创建沿某个轴旋转的关节
	往复关节	用于创建沿某个轴滑动的关节
	柱关节	用于创建沿某个轴旋转和滑动的关节
	球关节	用于创建一个球并允许在所有轴上旋转的关节
	锁定关节	用于将两个刚性体锁定在一起
物理地板	物理地板	创建整体地面，防止仿真对象无限制的下沉

上述的模型创建方法只能进行简单的模型创建，借助 CAD 操作功能组，可以完成较为复杂模型的创建。RobotStudio 软件支持的 CAD 操作主要有交叉、减去、结合、拉伸表面、拉伸曲线、从法线生成直线和修改曲线，如图 3-28 所示。

图 3-28　CAD 操作功能组

下面简单介绍几种常用的 CAD 操作。

(1) 交叉：单击"交叉"，即可弹出"交叉"创建对话框，如图 3-29 所示，通过此选项可以实现 A、B 两个模型的交叉运算，图 3-30 交叉操作示意图所示深色部分为此操作后的剩余部分。

图 3-29　"交叉"操作对话框

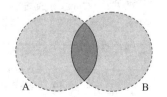

图 3-30　交叉操作示意图

交叉创建对话框中需要进行相关参数的设置，具体的参数设置及作用说明如表 3-10 所示，新物体将会根据选定模型 A 和 B 之间的公共区域创建。

表 3-10　创建交叉对话框各参数说明列表

序号	参数	说　明
1	保留初始位置	选择此复选框，以便在创建新物体时保留原始物体
2	交叉...(A)	在图形窗口中单击选择要建立交叉的物体 (A)
3	...和(B)	在图形窗口中单击选择要建立交叉的物体 (B)

(2) 减去：单击"减去"，即可弹出"减去"创建对话框，如图 3-31 所示，通过此选项可以实现 A、B 两个模型的减去运算，如图 3-32 减去操作示意图所示深色部分为此操作后的剩余部分。

图 3-31　"减去"操作对话框

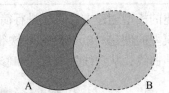

图 3-32　减去操作示意图

减去创建对话框中需要进行相关参数的设置，具体的参数设置及作用说明如表 3-11 所示，新模型将会根据模型 A 减去 A 和 B 的公共体积后的区域创建。

表 3-11　创建减去对话框各参数说明列表

序号	参数	说　明
1	保留初始位置	选择此复选框，以便在创建新物体时保留原始物体
2	减去...(A)	在图形窗口中单击选择要减去的物体 (A)
3	...与 (B)	在图形窗口中单击选择要减去的物体 (B)

(3) 结合：单击"结合"，即可弹出"结合"创建对话框，如图 3-33 所示，通过此选项可以实现 A、B 两个模型的结合运算，如图 3-34 结合操作示意图所示深色部分为此操作后的剩余部分。

图 3-33　"结合"操作对话框

图 3-34　结合操作示意图

结合创建对话框中需要进行相关参数的设置，具体的参数设置及作用说明如表 3-12 所示，新模型将会根据选定模型 A 和 B 之间的区域创建。

表 3-12　创建结合对话框各参数说明列表

序号	参数	说　　明
1	保留初始位置	选择此复选框，以便在创建新物体时保留原始物体
2	结合...(A)	在图形窗口中单击选择要结合的物体 (A)
3	...与 (B)	在图形窗口中单击选择要结合的物体 (B)

(4) 其它 CAD 操作：除了上述 3 种 CAD 操作，软件还支持拉伸表面、拉伸曲线、从法线生成直线和修改曲线四种 CAD 操作，具体功能如表 3-13 所示。

表 3-13　其它 CAD 操作选项功能列表

序号	类型	功　能　说　明
1	拉伸表面	从表面创建 3D 对象，可沿指定方向或选定曲线延伸对象
2	拉伸曲线	从表面创建立体，可沿指定方向或选定曲线延伸曲线
3	从法线生成直线	从表面的垂直线创建新的直线
4	修改曲线	修改曲线，以便进行延伸、接点、投影、反转、拆分、修剪等操作

使用 RobotStudio 进行机器人系统的仿真验证时，主要是测试工作站机器人的节拍、到达能力等，对周边模型通常要求不是非常细致，通常可以使用简单的等同实际大小的基本模型进行代替，从而节约仿真验证的时间，提高工作效率。本节将根据任务要求，以工作台为例介绍基本建模功能的使用，具体创建步骤如下：

(1) 选择建模功能选项卡中的"固体"，点击"矩形体"，如图 3-35 所示。

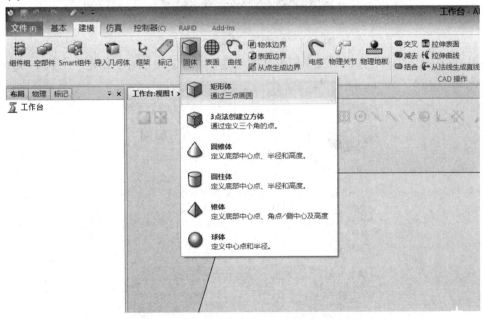

图 3-35　选择创建"矩形体"操作示意图

(2) 根据实际工作台尺寸，在弹出的"创建方体"的菜单中设置相关参数，如图 3-36

所示，创建一个长 1400 mm、宽 700 mm、高 600 mm 的矩形体。

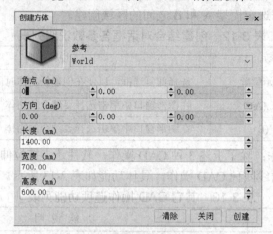

图 3-36 设置第一个方体参数

（3）设置完参数后，点击"创建"按钮，即可完成第一个矩形体的创建，创建完成的矩形体如图 3-37 所示。

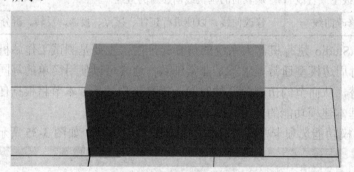

图 3-37 创建完成的第一个矩形体

（4）重复上述步骤，完成第二个矩形体的创建，如图 3-38 所示，创建一个长 1400 mm、宽 600 mm、高 500 mm 的矩形体。

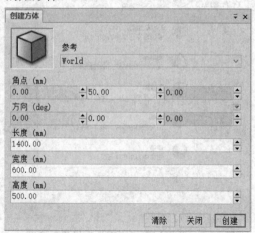

图 3-38 设置第二个方体参数

（5）使用 CAD 操作中的"减去"，分别选择"部件_1"和"部件_2"，点击"创建"，生成部件_3，如图 3-39 所示。

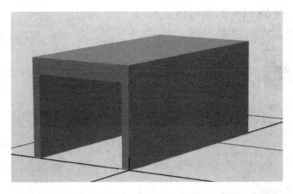

图 3-39　第一次减去操作完成后的模型

(6) 重复矩形体创建步骤，完成第三个矩形体的创建，如图 3-40 所示，创建一个长 1300 mm、宽 700 mm、高 500 mm 的矩形体。

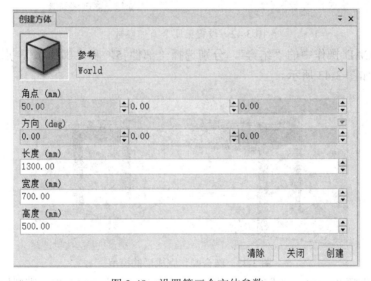

图 3-40　设置第三个方体参数

(7) 再次使用 CAD 操作中的"减去"，分别选择"部件_3"和"部件_4"，点击"创建"，生成部件_5，如图 3-41 所示。

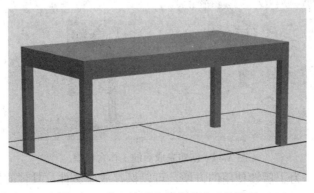

图 3-41　第二次减去操作完成后的模型

(8) 重复矩形体创建步骤，完成第四个矩形体的创建，如图 3-42 所示，创建一个长 45 mm、宽 700 mm、高 58 mm 的矩形体。

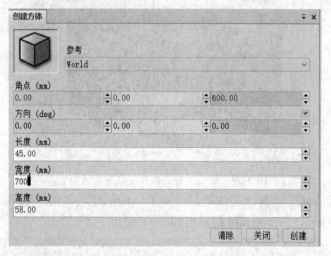

图 3-42　设置第四个方体参数

(9) 使用 CAD 操作中的"结合"，分别选择"部件_5"和"部件_6"，点击"创建"，生成部件_7，如图 3-43 所示。

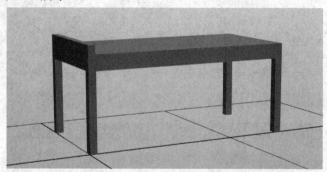

图 3-43　结合操作完成后的模型

(10) 重复步骤(8)、(9)，完成另外一侧的定位块创建，完成后的工作台模型如图 3-44 所示。

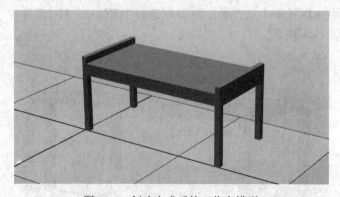

图 3-44　创建完成后的工作台模型

模型创建好后，为了后续使用的方便，可以保存成库文件，具体的操作步骤如下：

(1) 选择创建好的模型，右击弹出菜单中选择"保存为库文件…"选项，如图 3-45 所示。

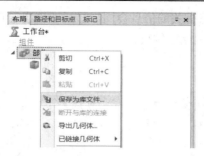

图 3-45　选择"保存为库文件..."选项

(2) 选择"保存为库文件..."选项后会弹出"另存为"菜单，根据使用需要设置库文件路径、文件名、标题、作者等信息，如图 3-46 所示。

图 3-46　"另存为"库文件设置窗口

3.2.5　测量功能

RobotStudio 软件提供了一系列的测量工具，可以方便的测量模型的尺寸、角度和位置等信息。测量功能位于建模功能选项卡下测量功能组，如图 3-47 所示，根据测量需要选择合适的测量方法，具体的测量功能说明如表 3-14 所示。

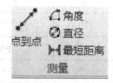

图 3-47　测量功能

表 3-14　测量功能列表

序号	类型	功 能 说 明
1	点到点	测量图形窗口中两点间的距离
2	角度	通过在图形窗口中选择的三个点确定的角度。第一个点为聚点，然后在每行选择一个点
3	直径	直径，其圆周使用在图形窗口中选择的三点来定义
4	最短距离	在图形窗口中选择的两个对象之间的最近距离

当任一测量功能激活时，鼠标指针将会变成一个标尺。此时在图形窗口中，选择要进

行测量的点或对象，与测量点有关的信息会同步显示在输出窗口中。当选择了所有的点后，将在输出窗口的测量选项卡上显示结果。

◇ 小贴士

测量前，选择正确的捕捉模式和选择方式可以事半功倍。

3.2.6　外部模型的导入

外部模型导入

使用 RobotStudio 进行机器人的仿真验证时，如果需要使用精细的 3D 模型或仿真精度要求较高时，用 RobotStudio 软件建模难度较大时，可以通过第三方的建模软件(如 AutoCAD、UG、Pro/E、SolidWorks 等)进行建模，并通过软件支持的格式导入到 RobotStudio 软件中来完成建模布局的工作。RobotStudio 6.06 版本支持的三维模型格式如表 3-15 所示，涵盖了目前市场上绝大多数主流的三维建模软件，需要注意的是软件对 ACIS 文件、IGES 文件、STEP 文件等通用的三维模型格式支持效果较好，能够实现模型的快速导入。

表 3-15　RobotStudio 6.06 版本支持的三维模型格式列表

序号	类　型	后　缀　名
1	ACIS 文件	*.sat;*.sab;*.asat;*.asab
2	IGES 文件	*.igs;*.iges
3	STEP 文件	*.stp;*.step;*.p21
4	VDAFS 文件	*.vda;*.vdafs
5	ProE/Creo 文件	*.prt;*.asm
6	Inventor 文件	*.ipt;*.iam
7	Catia V4 文件	*.model;*.exp;*.session
8	Catia V5/ V6 文件	*.catpart;*.catproduct;*.cgr;*.3dxml
9	SolidWorks 文件	*.sldpart;*.sldasm
10	JT Open 文件	*.jt
11	Parasolid 文件	*.x_t; *.xmt_txt; *.x_b; *.xmt_bin
12	DXF/DWG 文件	*.dxf; *.dwg
13	NX 文件	*.prt;
14	Solid Edge 文件	*.par; *.psm; *.asm
15	VRML 文件	*.wrl
16	STL 文件	*.stl
17	COLLADA 文件	*.dae
18	OBJ 文件	*.obj
19	3DS 文件	*.3ds
20	RSGFX 文件	*.rsgfx
21	LDraw 文件	*.ldr; *.ldraw; *.mpd

　　使用 RobotStudio 软件创建本项目中所需的风挡玻璃模型较为困难，因此选择使用 SolidWorks 软件完成其模型的创建并保存为*.step 格式，最后通过外部模型导入的方式导入进 RobotStudio 软件完成工作站的构建。

　　导入模型库时，在基本或建模功能选项卡下，单击"导入模型库"，然后选择"浏览库文件"，在弹出模型库中找到所需的模型单击，即可完成库文件的导入，如图 3-48 所示。

　　外部模型导入时，在基本或建模功能选项卡下，单击"导入几何体"，然后选择"浏览几何体"，在弹出的菜单中找到所需的 3D 模型单击"打开"，即可完成外部几何体的导入，如图 3-49 所示。

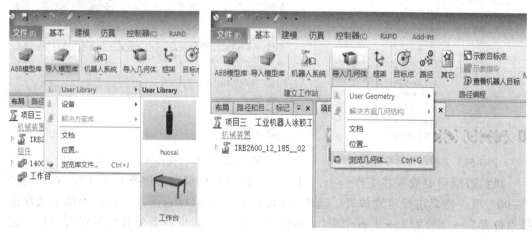

图 3-48　库文件导入示意图　　　　　　　　图 3-49　外部模型导入示意图

　　根据工作站环境要求，依次导入库文件"工作台"，外部模型"风挡玻璃"以及模拟胶枪工具"MyTool"，导入进来的模型，会根据模型原有的坐标在空间中布置，如图 3-50 所示。

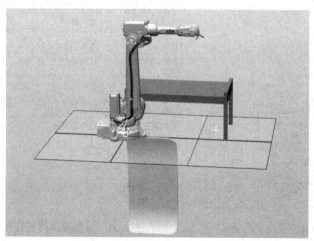

图 3-50　位置配置前工作空间

　　为了项目功能的实现，需要进行工具安装(具体的步骤参见 2.2.3 节安装训练工具)及对相关模型放置位置的调整。此时可以打开"显示机器人工作区域"，并勾选"3D 体积"，辅助模型布置。工作台的放置使用位置偏移来实现，选中"工作台"，鼠标右击，在弹出的菜单中依次选择"位置"→"偏移位置",弹出偏移位置窗口,如图 3-51 所示。在弹出的偏移位置设置窗口中,根据任务要求,进行参数设置,此时工作台在大地坐标下偏移,X 轴正方向偏移 800 mm,Y 轴正方向偏移 700 mm,并绕着 Z 轴旋转 -90 度,如图 3-52所示。

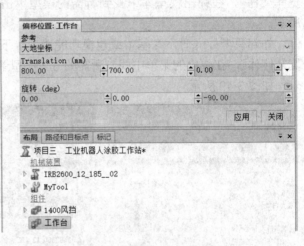

图 3-51　工作台偏移位置选项　　　　　图 3-52　工作台偏移位置参数设置窗口

　　风挡玻璃需要放置在工作台上,首先需要将风挡玻璃在大地坐标系下绕 X 轴旋转"-90"度,然后进行位置放置。选中"1400 风挡",鼠标右击,在弹出菜单中依次选择"位置"→"放置"→"一个点",如图 3-53 所示,弹出放置对象参数设置窗口,如图 3-54 所示。

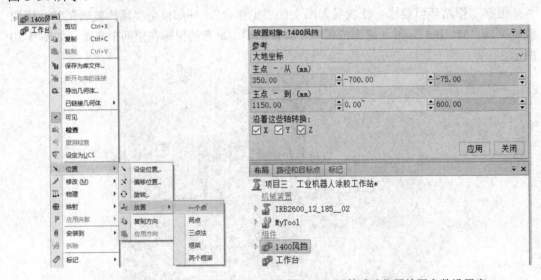

图 3-53　风挡玻璃位置放置选项　　　　　图 3-54　风挡玻璃位置放置参数设置窗口

　　位置放置一共提供了五种方法,这里选用第一种方法"一个点"。具体点选择方法如下,"主点-从"选择风挡玻璃的中心,"主点-到"选择工作台的中心,如图 3-55 所示,点选择完毕后,点击应用,即可完成风挡玻璃的放置。整个模型调整设置完成后如图 3-56所示。

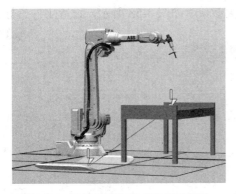
图 3-55 风挡玻璃位置点选择示意图

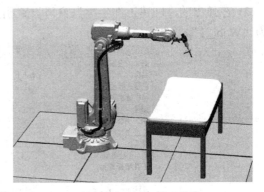
图 3-56 搭建好的工作站截图

◆ 小贴士

要想鼠标捕获的坐标信息准确的传送至输入框内，需要设置合理的捕捉方式以及确保鼠标处于捕获状态"▮"。

任务 3.3 工业机器人涂胶运动轨迹程序的创建

【任务目标】

(1) 掌握涂胶工件坐标系创建方法。
(2) 掌握工业机器人虚拟输出信号创建方法。
(3) 学会自动创建机器人运动路径。
(4) 掌握根据作业任务要求调整目标点位置的方法。
(5) 学会插入逻辑指令。

3.3.1 创建涂胶工件坐标系

涂胶作业时，风挡玻璃放置在工作台上，为了准确定位，一般工作台设置有专门的定位装置，为了作业方便，通常把工件坐标系设置在固定的工作台上。具体的操作步骤如下：

(1) 在基本功能选项卡下，依次选择"其它"→"创建工件坐标"，如图 3-57 所示。

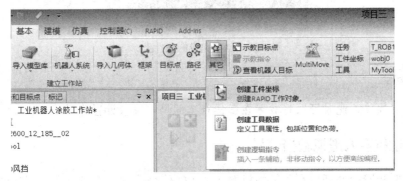
图 3-57 选择"创建工件坐标"

(2) 在弹出的"创建工件坐标"窗口设置相关参数，如图 3-58 所示，设置工件坐标名称为"Wobj_1"。

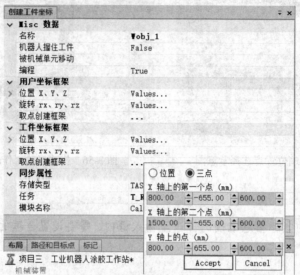

图 3-58　"创建工件坐标"参数设置窗口

(3) 工件坐标创建可以由用户坐标框架和工件坐标框架两种方式生成，本项目采用工件坐标框架法创建，依次点击"取点创建框架"→"三点法"，根据工件坐标系创建要求，依次选择 X 轴上的第一个点(即坐标原点)、X 轴上的第二个点、Y 轴上的点，设置好后点击"Accept"，即可完成工件坐标系创建，创建好后，在工作台上会显示创建的工件坐标系，如图 3-59 所示。

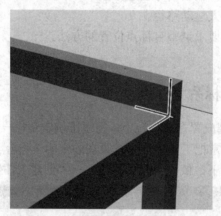

图 3-59　创建完成的工件坐标

◇ 小贴士

为了方便操作，此时可以将放置在工作台上的风挡玻璃设置为不可见。

3.3.2　创建机器人虚拟输出信号

本项目要求胶枪的开启和关闭由机器人的 I/O 信号控制，本节将介绍创建虚拟输出信号的方法，具体的操作步骤如下：

(1) 在控制器功能选项卡下，依次选择"配置编辑器"→"添加信号"，如图 3-60 所示。

图 3-60 选择"添加信号"选项

(2) 在弹出的添加信号窗口设置相关参数，完成信号创建，如图 3-61 所示。信号参数设置好后，点击"确定"按钮，即可完成信号创建。若想信号生效，则需要重启系统，在控制器功能选项卡下，依次点击"重启"→"重启动(热启动)"即可完成。

图 3-61 信号添加参数设置窗口

本项目设置的是虚拟输出信号 DO1，该信号不属于任何硬件设备，仅是用于离线程序调试的虚拟信号，其主要的参数设置说明如表 3-16 所示。

表 3-16 信号添加参数设置说明表

项 目		说 明
参数名称	设置参数	
信号类型	数字输出	选择创建信号类型
信号数量	1	创建信号的数量，可以同时创建多个信号
信号名称	DO	设置创建信号的名称
分配给设备	无	虚拟信号，这里选择无设备
开始索引	1	信号起始索引号
步骤	1	多个信号之间间隔

3.3.3 创建自动路径

信号设置完毕后，开始进行离线编程。首先确保编程使用的工具和工件坐标系正确，在基本功能选项卡下，设置工件坐标为新创建的"Wobj_1"，工具为"MyTool"，如图 3-62 所示。然后依次点击"路径"→"自动路径"即可弹出自动路径创建菜单，如图 3-63 所示。

创建自动路径

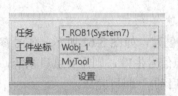

图 3-62 设置工件坐标与工具

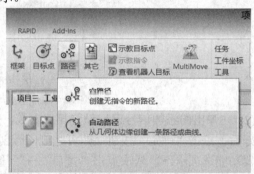

图 3-63 选择自动路径

自动路径功能可以根据曲线或者沿着某个表面的边缘创建路径。要沿着一个表面创建路径，可使用选择方式为"选择表面"；要沿着曲线创建路径，则使用选择方式为"选择曲线"。当使用选择方式为"选择表面"时，最靠近所选区的边缘将会被选取添加到路径中，需要注意的是只有与上一个所选边缘连接的边缘才可以被选中。本任务采用选取表面创建路径，在自动路径设置窗口中，依次选择需要涂胶的风挡玻璃边缘，系统会自动识别边缘并将其添加到路径中，如图 3-64 所示，并在模型窗口生成相应的路径，如图 3-65 所示。

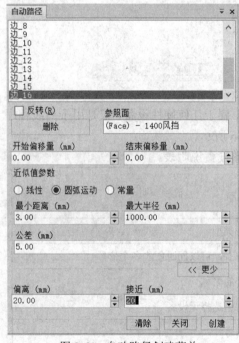

图 3-64 自动路径创建菜单

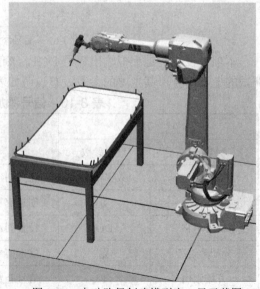

图 3-65 自动路径创建模型窗口显示截图

此时如若需要将路径反转，则勾选"反转"选项即可，不需要重新选择路径。参考面选择风挡玻璃，生成路径时，涂胶工具的 Z 轴将垂直与风挡玻璃。由于涂胶工作需要，开始偏移量和结束偏移量都设置为 0，不偏移，以保证涂胶的完整性。由于风挡玻璃边缘是圆弧结构，近似值参数选择圆弧运动，以便更好地进行拟合。最小距离、最大半径和公差皆使用默认值，点击"更少"按钮，设置偏移与接近值为 20 mm，其各参数具体的功能作用如表 3-17 所示。

表 3-17 自动路径参数设置功能说明表

选择或输入数值	功　　能
最小距离	设置两生成点之间的最小距离。即小于该最小距离的点将被过滤掉
公差	设置生成点所允许的几何描述的最大偏差
最大半径	在将圆周视为直线前确定圆的半径大小。即可将直线视为半径无限大的圆
线性	为每个目标生成线性移动指令
环形	在描述圆弧的选定边上生成环形移动指令
常量	使用常量距离生成点
最终偏移	设置距离最后一个目标的指定偏移
起始偏移	设置距离第一个目标的指定偏移
Approach(接近)	在距离第一个目标指定距离的位置，生成一个新目标
Depart(远离)	在距离最后一个目标指定距离的位置，生成一个新目标

自动路径参数设置完成后，点击"创建"即可完成自动路径的创建，完成创建后，在操作空间左侧的"路径与步骤"栏目下会生成名为"Path_10"的例行程序，同时在该程序下自动添加相应的动作路径程序，如图 3-66 所示。

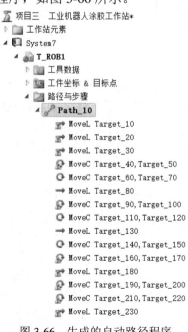

图 3-66　生成的自动路径程序

3.3.4　对准目标点方向

自动生成的程序中，各个目标点位姿并不符合实际任务要求，这里需要进行对准目标点方向操作，以便路径优化。具体的操作步骤如下：

(1) 选择"工具坐标&目标点"中的目标点"Target_10"，此时目标点处机器人位姿如图3-67所示，右击"Target_10"弹出"修改目标"选项，选择"旋转"选项，如图3-68所示。

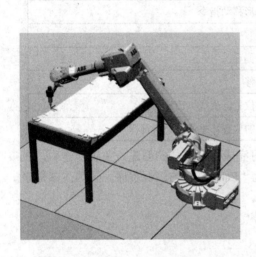

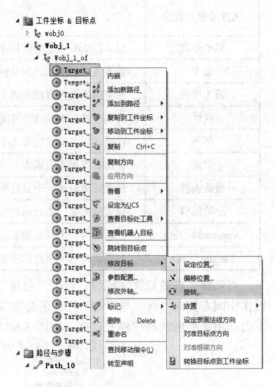

图 3-67　"Target_10"点位姿　　　　　　　　　图 3-68　选择"旋转"选项

(2) 根据实际任务要求，在旋转对话框中设置目标点"Target_10"的旋转参数，如图3-69所示，目标点"Target_10"在本地参考下绕Z轴旋转90度。

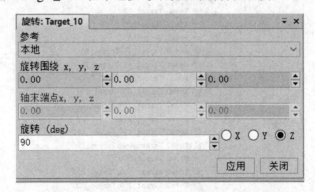

图 3-69　目标点"Target_10"的旋转参数设置

(3) 选定除"Target_10"目标点外的其余目标点，右击弹出菜单，依次选择"修改目标"→"对准目标点方向",如图 3-70 所示。

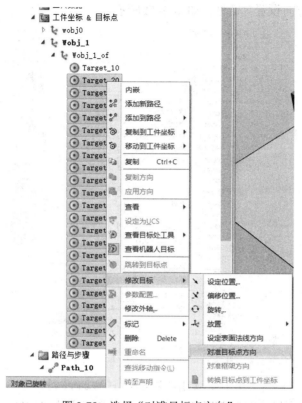

图 3-70　选择"对准目标点方向"

(4) 在弹出的对准目标点方向设置菜单中设置相关参数,如图 3-71 所示,单击"参考"输入框,选择目标点"T_ROB1/Target_10","对准轴"设为 X,"锁定轴"设为 Z,单击"应用",即可完成目标点方向对准操作。

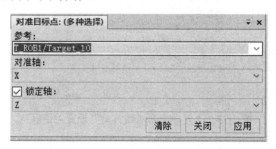

图 3-71　设置对准目标点方向参数

3.3.5　设定表面法线方向

挡风玻璃是一个曲面结构,涂胶作业时需要保证涂胶枪始终与挡风玻璃面垂直,即处于表面法线方向,本任务在自动创建路径的时候已选择参考面为"1400 风挡",生成的路径已经能够保证涂胶枪位姿始终与参考面垂直。如果生成路径不在法线方向,则需要手动进行设置,具体的操作步骤如下:

(1) 全部选中目标点，右击弹出菜单，依次选择"修改目标"→"设定表面法线方向"，弹出设定表面法线方向设置对话框，如图 3-72 所示。

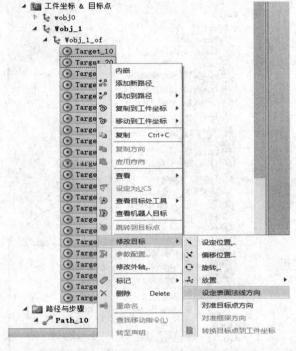

图 3-72　选择"设定表面法线方向"

(2) 在"设定表面法线方向"设置对话框中，设置表面为"1400 风挡"，接近方向为"-Z"，点击应用即可完成设置，如图 3-73 所示。

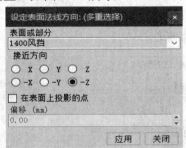

图 3-73　"设定表面法线方向"设置对话框

3.3.6　插入逻辑指令

本项目中的胶枪由机器人 I/O 信号控制其输出和停止，路径程序自动生成后还需要添加相应的逻辑控制指令来实现胶枪的开启和关闭控制。RobotStudio 软件中创建逻辑指令的方法主要有两种：

方法一是在程序中，选择需要添加指令处，依次点击基本功能选项卡下的"其它"→"创建逻辑指令"，弹出"创建逻辑指令"菜单，根据涂胶逻辑，添加相关逻辑指令，如图 3-74 所示。

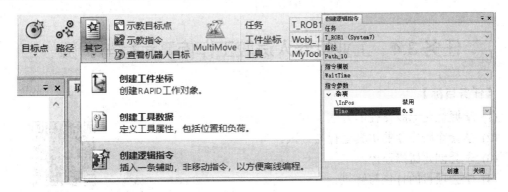

图 3-74 方法一创建逻辑指令

方法二是选择需要添加指令处，右击弹出菜单选项，选择"插入逻辑指令"菜单，同样可以弹出"创建逻辑指令"菜单，根据要求，添加相关逻辑指令，如图 3-75 所示。

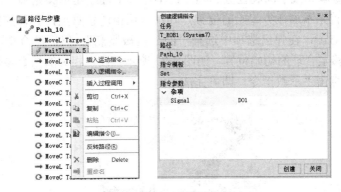

图 3-75 方法二创建逻辑指令

根据涂胶作业任务要求，依次在路径程序中添加相关逻辑指令，逻辑指令添加完成的程序如图 3-76 所示。

图 3-76 逻辑指令插入完成截图

任务 3.4　工业机器人涂胶工作仿真运行与调试

【任务目标】

(1) 掌握优化涂胶路径的方法。

(2) 学会涂胶作业的仿真运行与调试。

(3) 学会创建碰撞监控。

(4) 学会项目的打包与解包。

路径优化与仿真运行

3.4.1　涂胶程序优化

任务 3.3 中基本完成了涂胶任务的程序，不过整个程序还不够完善，本任务将对程序进一步的优化。首先添加任务起始的位置点和任务结束的位置点，具体的操作如下：

选中机器人右击，在弹出选项中选择"回到机械原点"，然后结合使用"FreeHand"工具，将机器人移至合理的初始位置，如图 3-77 所示，设置相关的指令参数，选择需要添加指令的位置，点击"示教指令"即可完成。

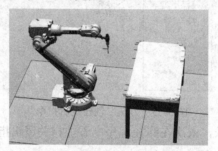

图 3-77　机器人初始位置示意图

可以按照同样步骤完成任务结束位置点的示教，本任务将初始位置和结束位置设置为同一个位姿点，这里直接使用路径复制功能，具体的操作如下：

选择需要复制的路径右击，弹出选项中选择"复制"，如图 3-78 所示，然后在需要粘贴的位置进行粘贴即可，此时会弹出窗口提示是否需要新建目标点，这里选择"否"即可。

图 3-78　选择程序复制

　　程序添加完成后，还需要根据作业任务对程序中各指令的参数进行微调，主要涉及作业时的转弯区半径及速度，一般进行涂胶作业时，转弯区半径尽可能设置小点，保证轨迹匹配度高，同时兼顾机器人动作流畅性，转弯区半径选择 Z1，需要注意的是在有信号输出前的动作指令，转弯区半径需要设置为"fine"，确保机器人到位后再输出指令。速度方面主要是结合机器人是否作业的状态合理设置速度大小。完整的涂胶作业程序如下：

```
PROC Path_10()
    MoveJ Target_240, v50, z1, MyTool\WObj := Wobj_1;
    MoveL Target_10, v50, fine, MyTool\WObj := Wobj_1;
    WaitTime 0.5;
    Set DO1;
    WaitTime 0.5;
    MoveL Target_20, v50, z1, MyTool\WObj := Wobj_1;
    MoveL Target_30, v50, z1, MyTool\WObj := Wobj_1;
    MoveC Target_40, Target_50, v50, z1, MyTool\WObj := Wobj_1;
    MoveC Target_60, Target_70, v50, z1, MyTool\WObj := Wobj_1;
    MoveL Target_80, v50, z1, MyTool\WObj := Wobj_1;
    MoveC Target_90, Target_100, v50, z1, MyTool\WObj := Wobj_1;
    MoveC Target_110, Target_120, v50, z1, MyTool\WObj := Wobj_1;
    MoveL Target_130, v50, z1, MyTool\WObj := Wobj_1;
    MoveC Target_140, Target_150, v50, z1, MyTool\WObj := Wobj_1;
    MoveC Target_160, Target_170, v50, z1, MyTool\WObj := Wobj_1;
    MoveL Target_180, v50, z1, MyTool\WObj := Wobj_1;
    MoveC Target_190, Target_200, v50, z1, MyTool\WObj := Wobj_1;
    MoveC Target_210, Target_220, v50, fine, MyTool\WObj := Wobj_1;
    WaitTime 0.5;
    Reset DO1;
    WaitTime 0.5;
    MoveL Target_230, v50, z1, MyTool\WObj := Wobj_1;
    MoveJ Target_240, v50, z1, MyTool\WObj := Wobj_1;
ENDPROC
```

　　所有的指令示教调整好后，此时的机器人还不能动，需要对其进行轴参数配置，本任务使用自动的轴参数配置(具体的操作步骤参见 2.5.1 节自动配置轴参数)。本项目路径中涉及关节运动，因此自动配置时选择"所有移动指令"。如果自动配置过程中，指令前边有红色感叹号，意味着这个位姿点不可达，需要手动调整相关位姿点和配置方案(具体的操作步骤参见 4.4.1 节手动轨迹优化)。

3.4.2　涂胶程序仿真

　　轴参数自动配置完成后，即可进行程序仿真调试。程序仿真前需要将所有的程序、参数设置等同步至 RAPID，首次同步需要将所有的参数、数据及程序同步，如图 3-79 所示。

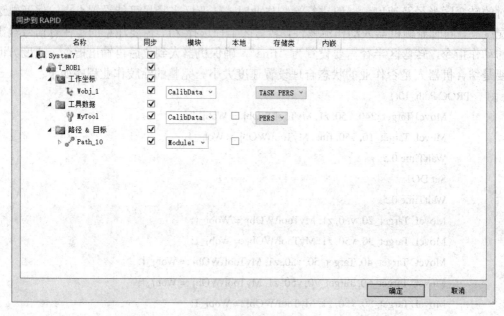

图 3-79 同步到 RAPID

同步完成后，设置仿真进入点，具体的操作步骤如下：

在"路径与步骤"栏目下选中"Path_10"，右击弹出菜单，选择"设置为仿真进入点"即可将"Path_10"设置成仿真进入点，如图 3-80 所示。

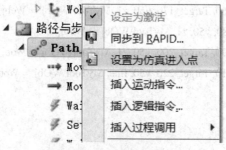

图 3-80 设置仿真进入点

仿真选项卡上包括创建碰撞监控，配置，仿真控制，监控等一系列的相关控件。进行仿真时，整个机器人程序将在虚拟控制器上运行，此时可以通过"仿真控制"控件组来控制程序仿真的运行。

图 3-81 为"仿真控制"控件组按钮功能，"仿真控制"控件组主要包括播放、暂停、停止和重置四个按钮，通过这些按钮可以实时控制仿真程序的运行，方便仿真状态的观测，各按钮的作用与功能如表 3-18 所示。

图 3-81 "仿真控制"控件组

表 3-18 "仿真控制"控件组按钮功能说明表

按钮名称	作 用
播放/恢复	播放和恢复仿真 • 仿真开始后，暂停按钮和停止按钮即被启用； • 暂停仿真时，播放按钮变为恢复； • 单击恢复按钮可继续仿真
暂停/步骤	暂停和步骤仿真 • 单击暂停按钮，仿真暂停，暂停按钮随即变为步骤； • 单击恢复按钮可继续仿真
停止	仿真开始后，单击停止，整个仿真结束
重置	将模拟重设为其初始状态，如有需要可以自行设置初始状态

3.4.3 创建碰撞监控

RobotStudio 软件还可以检测和记录工作站内对象之间的碰撞。碰撞包含两组对象，ObjectsA 和 ObjectsB，可以将对象放入其中来检测两组之间的碰撞。当 ObjectsA 内任何对象与 ObjectsB 内任何对象发生碰撞，此碰撞将显示在图形视图里并记录在输出窗口内。我们可在工作站内设置多个碰撞集，但每一个碰撞集仅能包含两组对象。

通常在工作站内为每个机器人创建一个碰撞集。对于每个碰撞集，机器人及其工具位于一组，而不想与之发生碰撞的所有对象位于另一组。如果机器人拥有多个工具或握住其它对象，可以将其添加到机器人的组中，也可以为这些设置创建特定碰撞集。

每一个碰撞集可单独启用和停用，除了碰撞之外，如果 ObejctsA 与 ObjectsB 中的对象之间的距离在指定范围中，则碰撞检测也能观察。

根据项目要求，可以创建一个或多个碰撞监控，创建碰撞监控的步骤如下：

(1) 在仿真功能选项卡中，单击"创建碰撞监控"，如图 3-82 所示。

图 3-82 单击"创建碰撞监控"

(2) 找到左侧"布局"页面下"碰撞检测设定_1"，根据要求分别添加 ObjectsA 和 ObjectsB，如图 3-83 所示。

(3) 选中"碰撞检测设定_1"，右击弹出菜单，选择"修改碰撞监控"，如图 3-84 所示。

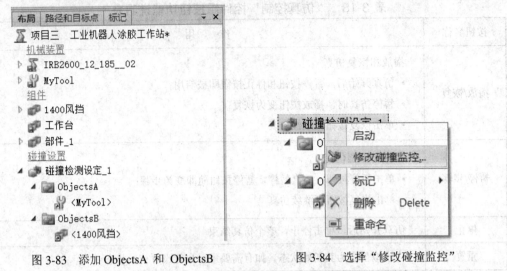

图 3-83　添加 ObjectsA 和 ObjectsB　　　　　图 3-84　选择"修改碰撞监控"

(4) 在弹出的修改碰撞设置对话框中设置相关参数，如图 3-85 所示。

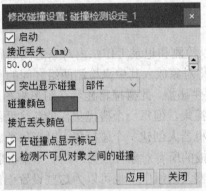

图 3-85　修改碰撞设置对话框中设置相关参数

　　修改碰撞设置对话框中涉及一系列的参数设置，根据任务要求设置合理的参数，可以方便观测碰撞监控情况，具体的各参数设置作用说明如表 3-19 所示。

表 3-19　修改碰撞设置参数功能说明

选　项	功　能　描　述
启动	启用选中的碰撞检测
接近丢失	设置接近丢失(差点撞上)的检测范围，即在此设置范围内显示接近丢失颜色
突出显示碰撞	选择在两个对象碰撞时必须突出显示的碰撞对象(部件、物体或表面)。这也会在碰撞点或差点撞上时创建一个临时标记
碰撞颜色	设置碰撞时显示的颜色
接近丢失颜色	设置接近丢失时显示的颜色
在碰撞点显示标记	在碰撞点或接近丢失(差点撞上)时显示标记
检测不可见对象之间的碰撞	即使对象不可见，也要检测碰撞

启动仿真，在设定的 ObjectsA(MyTool)和 ObjectsB(1400 风挡)接近丢失 50 mm 范围内显示黄色，如图 3-86 所示，当胶枪碰到风挡玻璃后，随即碰撞检测颜色变成红色，同时在碰撞点显示标记，如图 3-87 所示。

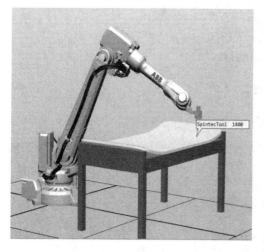

图 3-86 接近丢失显示

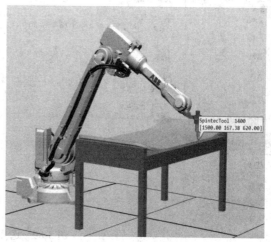

图 3-87 碰撞检测显示

◇ 小贴士

碰撞检测在仿真期间始终处于活动状态(即在虚拟控制器中运行 RAPID 程序时)，在仿真时即便手动移动对象或检测可达性，碰撞检测始终处于活动状态。

3.4.4 项目打包与解包

项目完成后，如若需要拷贝到其它电脑上运行，需要注意的是，不能单纯的拷贝解决方案文件，应当拷贝完整的数据文件，如图 3-88 所示。有的时候即使拷贝了完整的项目数据，也会因为调用了其它文件夹里的库文件之类的情况，导致项目文件不能正常显示运行。

项目打包与解包

名称	修改日期	类型
Backups	2020-2-19 19:03	文件夹
Libraries	2019-12-27 10:35	文件夹
Stations	2020-2-19 19:03	文件夹
Systems	2019-12-27 10:36	文件夹
Solution1.rssln	2019-12-27 10:35	RobotStudio sol...

图 3-88 一般解决方案文件组成

基于项目拷贝的需要，RobotStudio 软件提供了完善的项目共享方案，具体的操作的步骤如下：

工业机器人离线编程与仿真一体化教程

(1) 在文件功能选项卡下，依次点击"共享"→"打包"，如图 3-89 所示。

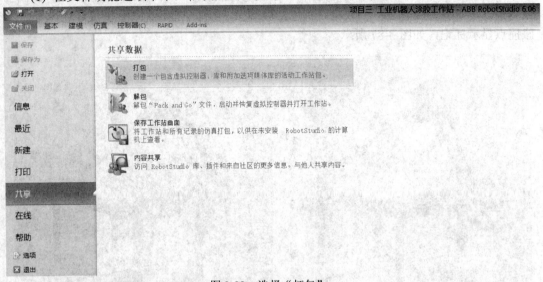

图 3-89　选择"打包"

(2) 在弹出的打包对话框中，设置数据包的名称及存储位置，如图 3-90 所示。

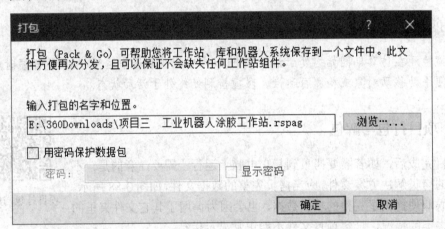

图 3-90　设置打包参数

(3) 数据包如若需要密码保护，则勾选"用密码保护数据包"并设置密码，点击"确定"，即可完成数据打包。打包完成后，会在选定位置生成后缀为 rspag 的打包文件，如图 3-91 所示。

图 3-91　打包完成的项目

此时只需将打包生成的 rspag 的打包文件拷贝至其它电脑即可完成项目的共享，如若要打开此文件，则需使用 RobotStudio 软件进行解包，具体的操作步骤如下：

(1) 在文件功能选项卡下，依次点击"共享"→"解包"，如图 3-92 所示。

图 3-92　解包操作步骤示意图

(2) 选择"解包"后，将弹出"欢迎使用解包向导"页面，点击"下一个"，如图 3-93
所示。

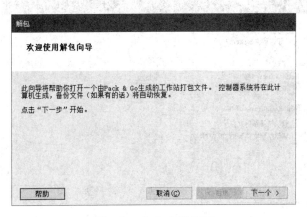

图 3-93　解包向导界面

(3) 在"选择打包文件"页面中，单击"浏览"，找到之前打包的文件，同时设置文件
解包后的目标文件夹，需要注意的是目标文件夹路径中不能有中文，如图 3-94 所示，单击
"下一个"。

图 3-94　解包文件设置界面

(4)"库处理"页面中，根据实际情况选择库的来源，如图 3-95 所示，点击"下一个"。

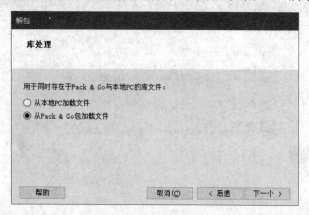

图 3-95 "库处理"设置

(5) 在"控制器系统"页面中，选择 RobotWare 版本，选择"自动恢复备份文件"的复选框，恢复默认的 RobotWare 版本，如图 3-96 所示，点击"下一个"。

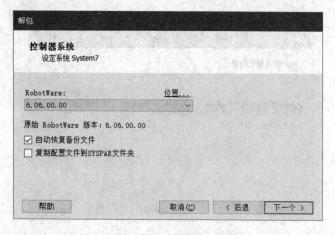

图 3-96 "控制器系统"设置页面

(6) 在"解包已准备就绪"页面中，查看核对解包信息，若无误，单击"完成(F)"按钮，即可完成解包工作，如图 3-97 所示。

图 3-97 "解包已准备就绪"查看页面

解包完成后将会弹出"解包完成"页面，如图 3-98 所示，单击"关闭"按钮即可退出。

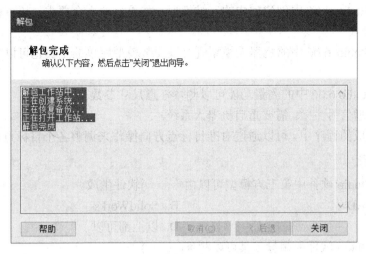

图 3-98　"解包完成"页面

◇ 小贴士

如果打包文件在创建期间实施了密码保护，则需要提供密码才能载入工作站。

项 目 总 结

工业机器人涂胶工作任务是指装有涂胶工具的机器人，沿着固定好的风挡玻璃边缘进行涂胶作业，其胶枪启停由机器人 I/O 信号控制。本项目以涂胶任务引领，讲解相关知识点，主要包括创建空工作站解决方案、创建机器人系统、基本建模功能、外部模型导入、创建虚拟输出信号、自动路径创建、创建碰撞监控以及项目打包与解包等内容。

项 目 作 业

一、填空题

1. RobotStudio 6.06 中的 ABB 模型库包含有_____、_____和_____三大类模型。

2. RobotStudio 6.06 中的建模功能可以实现_____、_____、_____、圆锥体、锥体、球体 6 种不同的固体创建。

3. 在建模功能选项卡下，单击"角度"，选择要测量的角度，在其边上依次选取待测量角度的_____点、待测量角度两条边上任意的点，单击鼠标左键，测量结果自动显示出来。

4. 自动路径功能可以根据_____或者_____创建路径。

二、判断题

1. RobotStudio 6.06 中只能导入 *.sat 格式的三维模型。　　　　　　　　　　　（　　）

2. RobotStudio 6.06 中创建完成的三维模型，如果尺寸不合要求，还可以进行二次修改，直到满足要求。   （　　）

3. RobotStudio 6.06 中的机器人模型既可以安装模型库里的工具也可以安装用户自定义的工具。   （　　）

4. RobotStudio 6.06 中的测量功能可以测量任意尺寸参数。   （　　）

5. 若想新增信号生效，需要重启机器人系统。   （　　）

6. 自动生成的程序中，可以通过对准目标点方向操作来调整各个目标点位姿。   （　　）

三、选择题

1. RobotStudio 软件中第三方模型可以由(　　　　)软件生成。

A. AutoCAD   B. SolidWorks

C. UG   D. 以上都可以

2. RobotStudio 软件中测量工具可以测量(　　　　)。

A. 点到点、面到面、线到线   B. 点到点、直径、角度、最短距离

C. 点到点、半径、角度   D. 长度、直径、角度

3. RobotStudio 软件建模功能中 CAD 操作可以实现(　　　　)。

A. 结合、交叉、减去   B. 交叉、减去、增加

C. 结合、减去、增加   D. 结合、交叉、增加

项目四　工业机器人激光切割任务编程与仿真

【项目目标】

了解激光切割的工作原理，掌握工业机器人激光切割工作任务的具体要求，学会构建工业机器人激光切割工作站，学会创建机器人激光切割运动轨迹程序，掌握机器人激光切割工作仿真运行与调试，掌握 I/O 信号仿真与分析方法，学会启用 TCP 跟踪功能，学会仿真动画输出。

任务 4.1　工业机器人激光切割工作任务简介

【任务目标】

(1) 了解激光切割的工作原理。

(2) 熟悉工业机器人激光切割作业的应用场合。

(3) 掌握工业机器人激光切割工作的任务要求。

所谓激光切割，就是用激光束照射到工件表面时释放的能量使工件融化并蒸发，以达到切割和雕刻的目的。激光切割具有精度高，切割快速，不局限于切割图案限制，节省材料，切口平滑，加工成本低等特点，正在逐渐改进或取代传统的金属切割工艺。机器人具有的柔性，结合激光切割的优势，使得机器人激光切割逐渐在规模生产及异形结构切割领域崭露头角，得到越来越多的应用。图 4-1 所示为机器人激光切割实物图。

图 4-1　机器人激光切割实物图

本项目的工作任务设定为装有激光切割器的工业机器人在 20 mm 钢板上切割"中国智造"四个汉字，实现工业机器人复杂轨迹离线编程。为了便于任务实施，默认钢板工件经传感器检测到位后，工业机器人开始切割作业，激光切割器的开启与关闭由工业机器人输出信号控制，完成切割任务后，工业机器人自行回到初始位置。具体的激光切割加工工作站如图 4-2 所示。

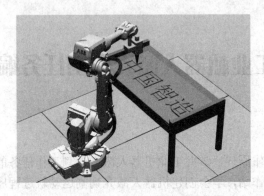

图 4-2　激光切割加工工作站示意图

任务 4.2　工业机器人激光切割仿真工作站的构建

【任务目标】

(1) 学会创建空工作站。

(2) 学会导入激光器模型。

(3) 掌握激光器工具的创建方法。

(4) 学会完善仿真工作站。

4.2.1　创建空工作站

本项目采用 RobotStudio 软件创建工作站的第三种方法，即建立空工作站。如图 4-3 所示，此时只有创建按钮，不需要进行解决方案名称及存储位置等相关设置。

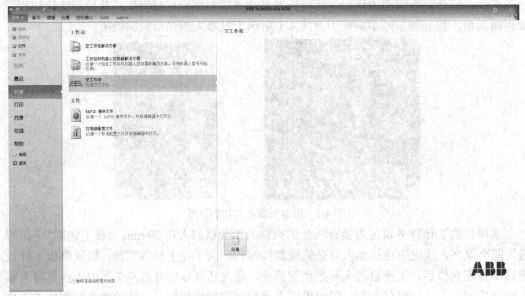

图 4-3　创建空工作站界面

创建完成后，将生成一个空的工作站，此时需要进行保存操作，点击软件左上角的保存快捷按钮或文件功能选项卡下的"保存"按钮，弹出"另存为"对话框，如图4-4所示。根据需要，设置保存路径和保存的文件名。需要特别注意的是，保存空工作站时可以保存成中文名。

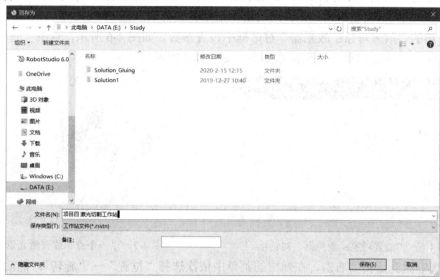

图4-4　"另存为"对话框

4.2.2　导入激光器模型

参考激光器的实物尺寸，由第三方建模软件创建激光器模型，并通过 RobotStudio 软件将其导入。导入完成后的激光切割器如图4-5所示，此时导入的激光器的位置是第三方建模软件中的大地坐标原点和 RobotStudio 软件中的大地坐标系原点的重合。

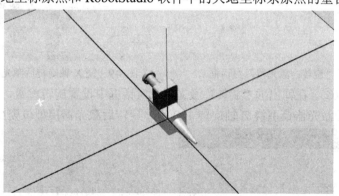

图4-5　导入激光切割器

4.2.3　创建激光器工具

导入后的激光器不能直接使用，它只是一个工具模型，并不具备工具的属性，本节将介绍激光器工具的创建步骤。创建完成的激光器工具将和 RobotStudio 模型库中的工具一样，安装时能够自动安装到

创建激光切割器工具

机器人法兰盘末端并保证坐标方向一致，并且能够在工具的末端自动生成工具坐标系，以避免工具方面的误差。具体的操作步骤如下：

(1) 设定工具的本地原点。要想创建的工具能够与机器人法兰盘坐标系 Tool0 重合，需要正确设定工具的本地原点，即工具安装法兰中心点位于大地坐标系原点。

① 选中激光器模型右击，在弹出的菜单中依次选择"位置"→"放置"→"一个点"，然后在弹出的"放置对象：激光器"对话框中设置参数，如图 4-6 所示，点击"应用"，将激光器安装法兰中心移至大地坐标系原点，如图 4-7 所示。

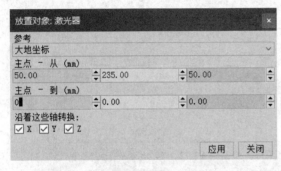 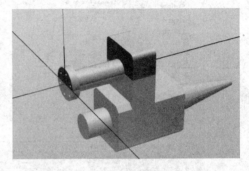

图 4-6　"放置对象：激光器"对话框　　　　图 4-7　"一个点"放置激光器

② 选中激光器模型右击，在弹出的菜单中依次选择"位置"→"旋转"，然后在弹出的"旋转：激光器"对话框中设置旋转参数，如图 4-8 所示，点击"应用"，使激光器模型绕 X 轴旋转 −90 度。旋转后激光器模型位姿如图 4-9 所示。

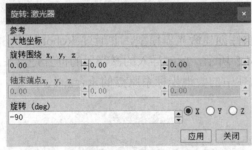 

图 4-8　"旋转：激光器"对话框　　　　图 4-9　绕 X 轴旋转后激光器模型位姿

③ 重复步骤②，在弹出的"旋转：激光器"对话框中设置旋转参数，如图 4-10 所示，点击"应用"，使激光器模型绕 Z 轴旋转 180 度。旋转后激光器模型位姿如图 4-11 所示。

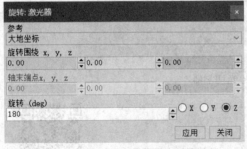 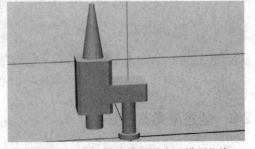

图 4-10　"旋转：激光器"对话框　　　　图 4-11　绕 Z 轴旋转后激光器模型位姿

④ 再次选中激光器模型右击，在弹出的菜单中依次选择"修改"→"设定本地原点"，如图 4-12 所示，然后在弹出的"设置本地原点：激光器"对话框中将所有参数设置为 0，

如图 4-13 所示，点击"应用"，完成激光器模型本地原点的设置。

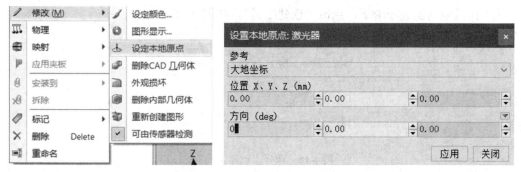

图 4-12　选择"设定本地原点"　　　　　图 4-13　"设置本地原点：激光器"对话框

(2) 在工具末端创建工具坐标系框架。为了在工具的末端自动生成工具坐标系，需要提前创建好坐标系框架，具体的操作步骤如下：

① 在基本功能选项卡下，依次点击"框架"→"创建框架"，如图 4-14 所示。

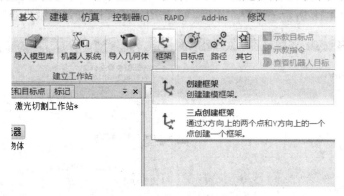

图 4-14　选择"创建框架"

② 在弹出的"创建框架"对话框中，设置框架位置参数(这里可以打开捕捉中心选项，直接将工具末端中心点坐标传送至输入框内)，如图 4-15 所示，点击"创建"按钮，完成框架创建。

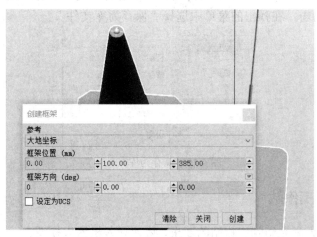

图 4-15　创建框架对话框

(3) 创建工具。本地原点设置完成，框架创建好后就可以开始激光器工具的创建了，

具体的操作步骤如下:

① 在机械功能选项卡下,点击"创建工具",如图4-16所示。

图4-16　选择"创建工具"

② 在弹出的"创建工具"对话框中,设置Tool名称为"Laser_Tool",选择组件为使用已有的部件"激光器",根据工具的实际情况设置相关参数,设置完成后,点击"下一个",如图4-17所示。

③ 在"创建工具"对话框中,设置TCP名称为"Laser_Tool",数值来自之前创建的"框架_1",如图4-18所示。设置完毕后,点击"完成"即可完成激光器工具的创建。

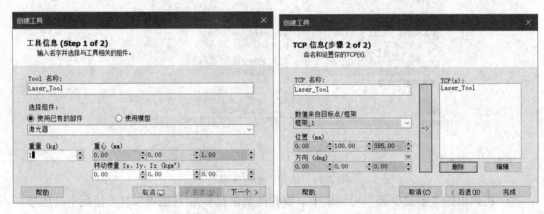

图4-17　"创建工具"对话框(1)　　　　　图4-18　"创建工具"对话框(2)

创建完成的激光器工具可以保存成库文件,以便后续项目使用,如图4-19所示,即选中"Laser_Tool"右击,在弹出的菜单中选择"保存为库文件"。

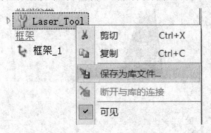

图4-19　保存为库文件

4.2.4　完善仿真工作站

根据工业机器人激光切割工作站的要求,依次导入机器人模型、工作台模型、工件模型,并按工作任务要求进行空间布局。搭建好

搭建激光切割工作站

的激光切割工作站如图 4-20 所示。

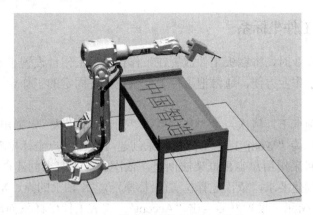

图 4-20　搭建好的激光切割工作站

　　模型搭建好后，需要进行机器人系统的创建(具体操作步骤参见 3.2.3 节"创建机器人系统")。需要注意的是，此项目创建过程中需要更改选项，将"Industrial Networks"中的"709-1 DeviceNet Master/Slave"勾选上，这是因为本项目需要创建机器人硬件信号。如图 4-21 所示。

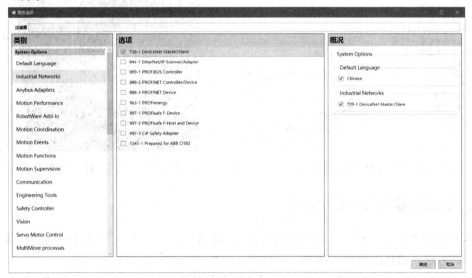

图 4-21　更改选项

任务 4.3　工业机器人激光切割运动轨迹程序的创建

【任务目标】

(1) 学会创建切割工件坐标系。

(2) 学会创建机器人真实信号。

(3) 掌握调整激光器位置的方法。

(4) 掌握自动路径的创建方法。

(5) 学会完善机器人程序。

4.3.1 创建切割工件坐标系

进行文字切割作业时，将钢板工件放置在工作台上。工作台设置了专门的定位装置以确保准确定位。为了作业方便，通常把工件坐标系设置在固定的工作台上。具体的操作步骤如下：

在基本功能选项卡下，依次点击"其它"→"创建工件坐标"，弹出"创建工件坐标"设置窗口，设置名称为"Wobj_1"。工件坐标系创建可以由用户坐标框架或工件坐标框架等方式生成，本项目采用用户坐标框架法创建，依次点击"取点创建框架"→"位置"，根据工件坐标系的创建要求，依次选择位置(坐标原点)、X 轴上的点、XY 平面图上的点，参数设置如图 4-22 所示，设置好后点击"Accept"，完成工件坐标系创建。创建完成后，在工作台上会显示创建的工件坐标系，如图 4-23 所示。

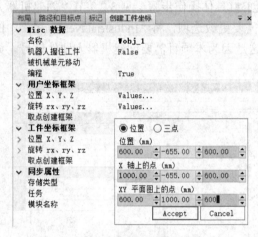

图 4-22　创建框架参数设置

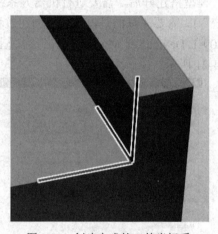

图 4-23　创建完成的工件坐标系

4.3.2 创建机器人真实输出信号

本项目中激光切割器的开启和关闭由机器人的 I/O 信号控制，本节介绍创建机器人真实信号的方法，具体的操作步骤如下：

(1) 在控制器功能选项卡下，依次选择"配置编辑器"→"I/O System"，弹出 I/O System 配置窗口，如图 4-24 所示。

图 4-24　选择"I/O System"

创建真实信号

（2）选中"DeviceNet Device"，右击选择"新建 DeviceNet Device"，如图 4-25 所示。

图 4-25　选择"新建 DeviceNet Device"

（3）弹出"实例编辑器"，选择使用来自模板的值"DSQC 652 24 VDC I/O Device"，根据要求更改模板中的值，如图 4-26 所示修改完参数点击"确定"按钮即可完成标准板 D652 的创建。

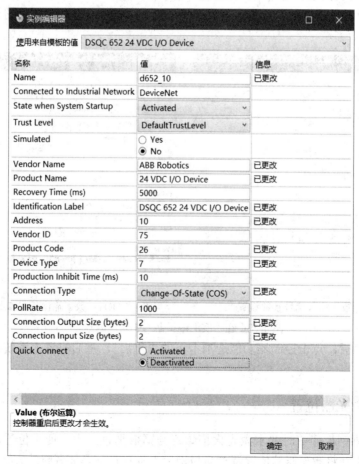

图 4-26　"实例编辑器"对话框参数

(4) 选中"Signal"，右击选择"新建 Signal"，如图 4-27 所示。

类型	Name	Type of Signal	Assigned to Device
Access Level	AS1	Digital Input	PANEL
Cross Connection	AS2	Digital Input	PANEL
Device Trust Level	AUTO1	Digital Input	PANEL
DeviceNet Command	AUTO2	Digital Input	PANEL
DeviceNet Device	CH1	Digital Input	PANEL
DeviceNet Internal Device	CH2	Digital Input	PANEL
EtherNet/IP Command	DRV1BRAKE	Digital Output	DRV_1
EtherNet/IP Device	DRV1BRAKEFB	Digital Input	DRV_1
Industrial Network	DRV1BRAKEOK	Digital Input	DRV_1
Route	DRV1CHAIN1	Digital Output	DRV_1
Signal	DRV1CHAIN2	Digital Output	DRV_1
	DRV1EXTCONT	Digital Input	DRV_1
Signal	新建 Signal...	Input	DRV_1
Signal Safe Level	DRV1FAN2	Digital Input	DRV_1
System Input	DRV1K1	Digital Input	DRV_1
System Output	DRV1K2	Digital Input	DRV_1

图 4-27 选择"新建 Signal"

(5) 在弹出"实例编辑器"中分别创建"DI1"数字输入和"DO1"数字输出两个信号，并根据要求设置相关的参数，如图 4-28 所示。设置好参数点击"确定"按钮即可完成信号的创建。

(a) "DI1"数字输入信号参数设置　　　　(b) "DO1"数字输出信号参数设置

图 4-28 在"实例编辑器"中创建信号

信号创建好后，点击控制器功能选项卡下的"重启"，重启机器人系统，让新增加的信号生效。

4.3.3 调整激光器位置

激光器切割钢板作业时要求激光火焰始终与钢板垂直，为了便于位置示教与路径生成，我们可以手动将激光器的位置调整为与钢板工具垂直，具体调整的方法有两种。

第一种方法是在基本功能选项卡下，手动设置关节值。具体操作步骤如下：

(1) 选中机器人，鼠标右击，在弹出的菜单中选择"机械装置手动关节"，如图 4-29 所示。

图 4-29　选择"机械装置手动关节"

(2) 设置各关节值，如图 4-30 所示。需要注意的是，选中具体关节后，可以手动拖动也可以直接键盘输入参数来改变关节值。

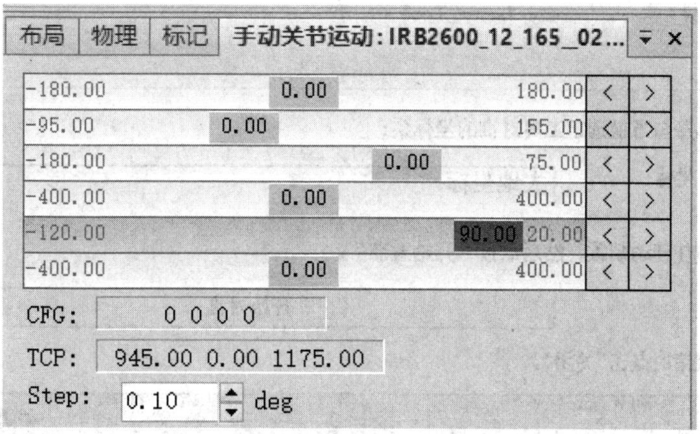

图 4-30　各关节参数值

第二种方法是在控制器功能选项卡下，采用虚拟示教器的"对准"功能完成。具体的操作步骤如下：

(1) 同步到 RAPID 后，在控制器功能选项卡下打开虚拟示教器，依次点击进入 ABB 菜单，手动操纵，找到对准按钮，如图 4-31 所示。

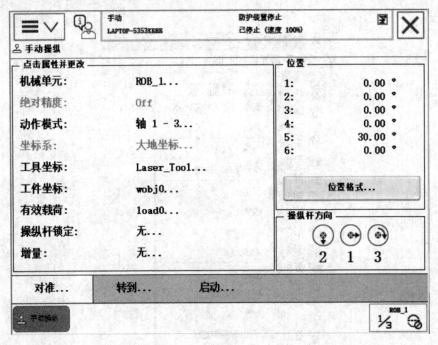

图 4-31　找到对准按钮

(2) 在对准页面下，根据任务要求选择对准工具，设置对准的坐标系，点击"开始对准"按钮，完成对准作业，如图 4-32 所示。

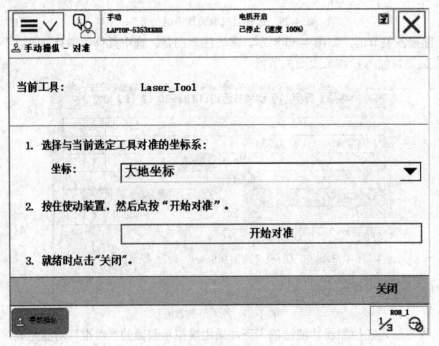

图 4-32　对准操作

激光器位置调整完毕后，如图 4-33 所示，此时激光器工具在空间中与钢板工件垂直。

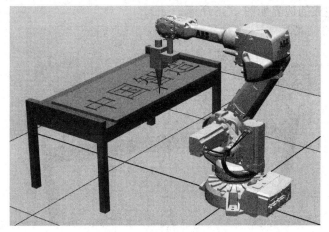

图 4-33　激光器位置调整完毕

4.3.4　创建自动路径

创建切割路径

本项目中切割钢板的任务涉及机器人复杂轨迹的编程，为了后续轨迹生成的便利，可以提前创建好路径轨迹，具体的操作步骤如下：

(1) 建模功能选项卡下，选择"表面边界"，如图 4-34 所示。

图 4-34　选择"表面边界"

(2) 在弹出的"在表面周围创建边界"对话框中，选择需要创建边界的表面，如图 4-35 所示。

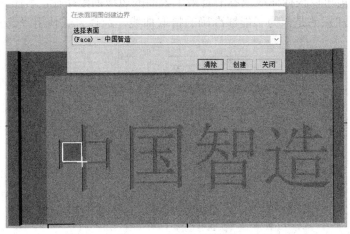

图 4-35　创建表面边界

由于文字轨迹是非连续的，因此要重复上述步骤，多次创建表面边界，以完成全部边界的创建，创建完成的边界如图 4-36 所示。

图 4-36　创建完成的全部边界

全部边界创建完成后，便可进行离线轨迹编程了。首先设置编程使用的工件坐标为新创建的"Wobj_1"，工具为"Laser_Tool"，然后依次点击"路径"→"自动路径"，弹出自动路径创建菜单，如图 4-37 所示。由于文字曲线较分散，本任务以"中"字为例，介绍自动路径的创建过程。

图 4-37　选择创建"自动路径"

自动路径功能可以根据曲线或者沿着某个表面的边缘创建路径，本任务采用根据曲线创建路径，需要注意的是，为了能够准确的拾取曲线，选择方式使用"选择曲线"，如图4-38 所示。

图 4-38　设置选择方式为"选择曲线"

当曲线没有任何分支时，选择一个边缘同时按住"Shift"键会把整根曲线的边缘都加入至列表，如图 4-39 所示，同时设置参考面为"中国智造"，偏离和接近值为 20 mm，设置完成后点击"创建"即可完成自动路径的创建。

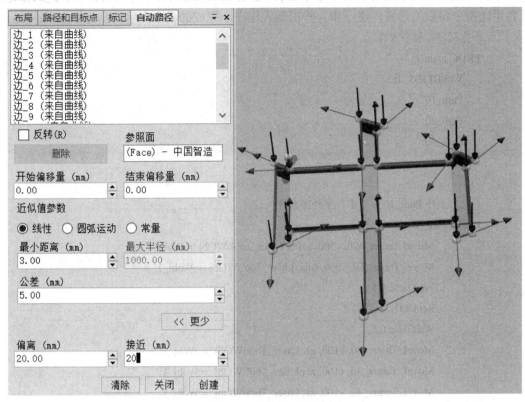

图 4-39 创建自动路径

重复上述步骤，依次完成"中"字内部曲线自动路径的创建，完成后在"路径与步骤"下会生成"Path_10""Path_20"和"Path_30"三个路径，如图 4-40 所示，同时在机器人操作空间中，工件"中"字处生成一系列坐标点。

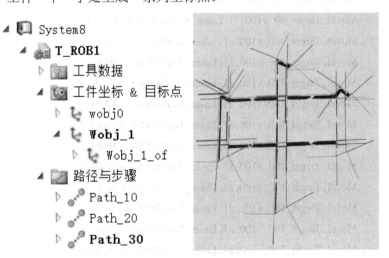

图 4-40 创建完成的"中"字路径

4.3.5　完善机器人程序

根据工业机器人激光切割工作任务要求，添加机器人主程序、中间过渡点、逻辑指令及各运动指令参数的设置，进一步完善机器人程序，完成的"中"字切割程序如下：

```
! 主程序：程序入口
PROC main()
    WaitDI DI1, 1;
    Path_10;
    Path_20;
    Path_30;
ENDPROC


! 例行程序 Path_10()："中"字外部曲线轨迹
PROC Path_10()
        MoveJ Target_400, v500, z100, Laser_Tool\WObj := Wobj_1;
        MoveJ Target_10, v300, fine, Laser_Tool\WObj := Wobj_1;
        WaitTime 0.5;
        Set DO1;
        WaitTime 0.5;
        MoveL Target_20, v100, z1, Laser_Tool\WObj := Wobj_1;
        MoveL Target_30, v100, z1, Laser_Tool\WObj := Wobj_1;
        MoveL Target_40, v100, z1, Laser_Tool\WObj := Wobj_1;
        MoveL Target_50, v100, z1, Laser_Tool\WObj := Wobj_1;
        MoveL Target_60, v100, z1, Laser_Tool\WObj := Wobj_1;
        MoveL Target_70, v100, z1, Laser_Tool\WObj := Wobj_1;
        MoveL Target_80, v100, z1, Laser_Tool\WObj := Wobj_1;
        MoveL Target_90, v100, z1, Laser_Tool\WObj := Wobj_1;
        MoveL Target_100, v100, z1, Laser_Tool\WObj := Wobj_1;
        MoveL Target_110, v100, z1, Laser_Tool\WObj := Wobj_1;
        MoveL Target_120, v100, z1, Laser_Tool\WObj := Wobj_1;
        MoveL Target_130, v100, z1, Laser_Tool\WObj := Wobj_1;
        MoveL Target_140, v100, z1, Laser_Tool\WObj := Wobj_1;
        MoveL Target_150, v100, z1, Laser_Tool\WObj := Wobj_1;
        MoveL Target_160, v100, z1, Laser_Tool\WObj := Wobj_1;
        MoveL Target_170, v100, z1, Laser_Tool\WObj := Wobj_1;
        MoveL Target_180, v100, z1, Laser_Tool\WObj := Wobj_1;
        MoveL Target_190, v100, z1, Laser_Tool\WObj := Wobj_1;
        MoveL Target_200, v100, z1, Laser_Tool\WObj := Wobj_1;
        MoveL Target_210, v100, z1, Laser_Tool\WObj := Wobj_1;
```

```
        MoveL Target_220, v100, z1, Laser_Tool\WObj := Wobj_1;
        MoveL Target_230, v100, fine, Laser_Tool\WObj := Wobj_1;
        WaitTime 0.5;
        Reset DO1;
        WaitTime 0.5;
        MoveL Target_240, v300, z100, Laser_Tool\WObj := Wobj_1;
ENDPROC
```

! 例行程序 Path_20()："中"字内部曲线轨迹

```
PROC Path_20()
        MoveL Target_250, v300, fine, Laser_Tool\WObj := Wobj_1;
        WaitTime 0.5;
        Set DO1;
        WaitTime 0.5;
        MoveL Target_260, v100, z1, Laser_Tool\WObj := Wobj_1;
        MoveL Target_270, v100, z1, Laser_Tool\WObj := Wobj_1;
        MoveL Target_280, v100, z1, Laser_Tool\WObj := Wobj_1;
        MoveL Target_290, v100, z1, Laser_Tool\WObj := Wobj_1;
        MoveL Target_300, v100, fine, Laser_Tool\WObj := Wobj_1;
        WaitTime 0.5;
        Reset DO1;
        WaitTime 0.5;
        MoveL Target_310, v300, z1, Laser_Tool\WObj := Wobj_1;
ENDPROC
```

! 例行程序 Path_30()："中"字内部曲线轨迹
```
PROC Path_30()
        MoveL Target_320, v300, fine, Laser_Tool\WObj := Wobj_1;
        WaitTime 0.5;
        WaitTime 0.5;
        Set DO1;
        MoveL Target_330, v100, z1, Laser_Tool\WObj := Wobj_1;
        MoveL Target_340, v100, z1, Laser_Tool\WObj := Wobj_1;
        MoveL Target_350, v100, z1, Laser_Tool\WObj := Wobj_1;
        MoveL Target_360, v100, z1, Laser_Tool\WObj := Wobj_1;
        MoveL Target_370, v100, fine, Laser_Tool\WObj := Wobj_1;
        WaitTime 0.5;
        Reset DO1;
```

```
        WaitTime 0.5;
        MoveL Target_380, v300, z1, Laser_Tool\WObj := Wobj_1;
    ENDPROC
```

任务 4.4　工业机器人激光切割仿真运行与调试

【任务目标】

(1) 掌握手动轨迹优化的方法。

(2) 学会 I/O 信号仿真与分析。

(3) 学会启用 TCP 跟踪功能。

(4) 学会仿真动画输出。

4.4.1　手动轨迹优化

自动生成的程序中，各个目标点位姿并不一定符合实际的任务要求，需要进行对准目标点方向操作，以便路径优化。具体的操作如下：

(1) 调整机器人位姿，选中"MoveJ Target_400"指令，右击弹出菜单，选择"修改位置"，完成此处机器人位姿调整，如图 4-41 所示。

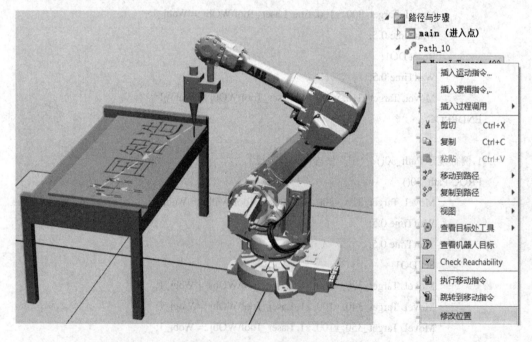

图 4-41　调整机器人 Target_400 处位姿

(2) 选定除"Target_400"目标点外的其余目标点，右击弹出菜单，依次选择"修改目标"→"对准目标点方向"，如图 4-42 所示。

图 4-42　选定其余目标点

(3) 在弹出的对准目标点方向设置菜单中设置相关参数，如图 4-43 所示，单击"参考"输入框，选择目标点 T_ROB1/Target_400，"对准轴"设为 X，"锁定轴"设为 Z，单击"应用"，即可完成目标点方向对准操作。

图 4-43　设置对准目标点参数

机器人想要到达目标点，需要多个关节轴配合运动。因此，需要为多个关节轴配置参数，也就是说要为自动生成的目标点调整轴配置参数。手动配置参数的步骤如下：

(1) 选中目标点 "Target_10"，右键弹出菜单中选择 "参数配置"，如图 4-44 所示。

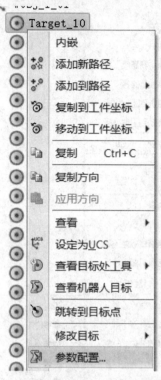

图 4-44　选择"参数配置"

(2) 在弹出"配置参数"对话框中选择合适的轴配置参数，单击"应用"按钮即可，如图 4-45 所示。

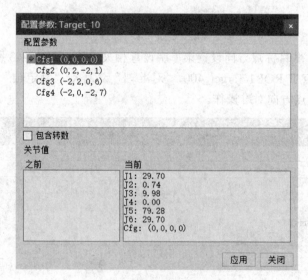

图 4-45　"配置参数"对话框

目标点"Target_10"处配置参数有四种形式，不同的参数配置，机器人的位姿也各不相同，"Target_10"目标点不同配置参数位姿情况如图 4-46 所示。从位姿状态可以看出，参数配置 1 情况下的机器人姿态较优，此时机器人到达此处各关节运动角度最少，位姿亦符合工作任务需要。

(a) 参数配置 1

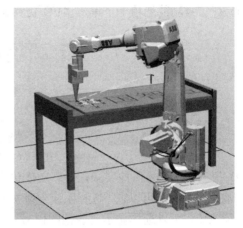
(b) 参数配置 2

(c) 参数配置 3

(d) 参数配置 4

图 4-46　不同参数配置机器人的位姿

　　由于本项目目标点较多，可以先使用自动的轴参数配置(具体的操作步骤参见 2.5.1 节自动配置轴参数)。然后选中路径，右击弹出菜单，选择"沿着路径运动"，进行路径验证。如果自动轴参数配置有问题，会自动报错，如图 4-47 所示。

⚠自动配置：　无法从先前位置跳转至 Target_50 。您应该检查目标点 Target_50 上的配置

图 4-47　自动配置报错信息

　　该报错信息显示，无法从先前的位置跳转至"Target_50"，此时可以选择"Target_50"进行手动轴参数配置，必要的情况下还可以结合使用重定位运动，调整机器人位姿以实现位姿可达目标点。

4.4.2　I/O 信号仿真与分析

　　仿真功能选项卡下的 I/O 仿真器可以用于机器人仿真时 I/O 信号状态监控，便于程序的仿真调试，开启 I/O 仿真器的步骤如下：

I/O 信号仿真与分析

(1) 在仿真功能选项卡下单击"I/O 仿真器",打开 I/O 仿真器设置对话框,如图 4-48 所示。

图 4-48　打开 I/O 仿真器设置对话框

(2) 根据 I/O 信号监控要求,设置 I/O 仿真器监控参数,如图 4-49 所示。如果当前工作站中有多个系统,可以在"选择系统"列表中选择需要监控的系统;在"过滤器"和"I/O 范围"列表中,可以选择显示要监控的信号,本项目需要监控的信号属于设备"d652_10",根据使用的过滤器,还可以设置过滤器规范,如要更改数字 I/O 信号的值,单击该值即可,如要更改模拟信号值,需要在数值框内输入新值。

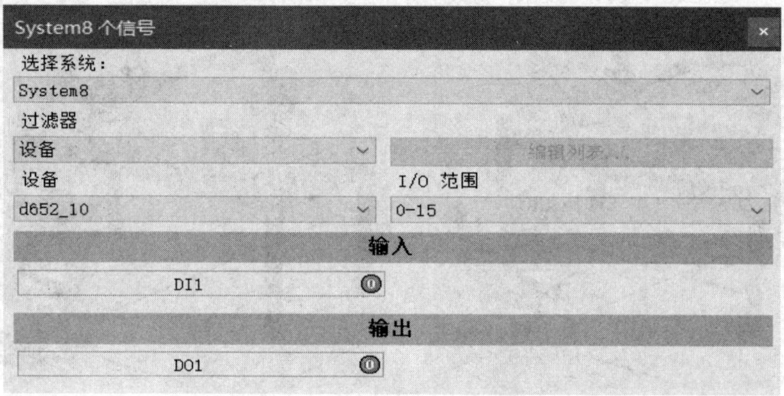

图 4-49　I/O 仿真器设置对话框

当需要对特定信号进行分析时,RobotStudio 软件还提供了信号分析器,具体的启用步骤如下:

(1) 在仿真功能选项卡下,找到"信号分析器"功能组,勾选"启用",如图 4-50 所示。

图 4-50　勾选"启用"信号分析器

(2) 在"信号分析器"功能组中单击"信号设置",打开信号设置页面,根据信号分析的需要,设置信号分析参数,如图 4-51 所示。

(3) 点击"播放"按钮,进行机器人运行仿真,仿真完毕后,在"信号分析器"功能组中单击"信号分析器",打开信号分析器页面,借助分析工具便可分析设定的信号状态,如图 4-52 所示,此时可以看到所设定的信号 DI1 和 DO1 在仿真时间内的状态,并可以统计分别为"0"和"1"时的时间等参数。

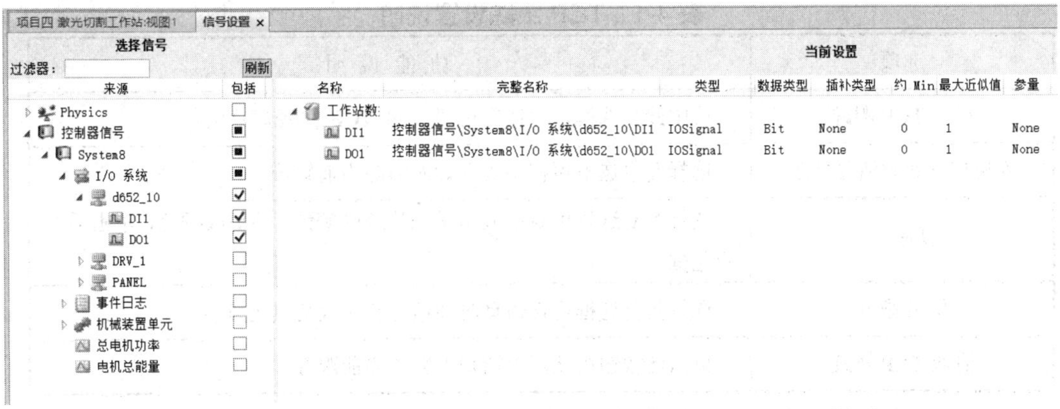

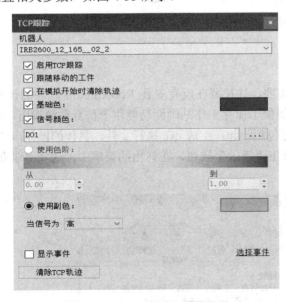

图 4-51 设置信号分析参数

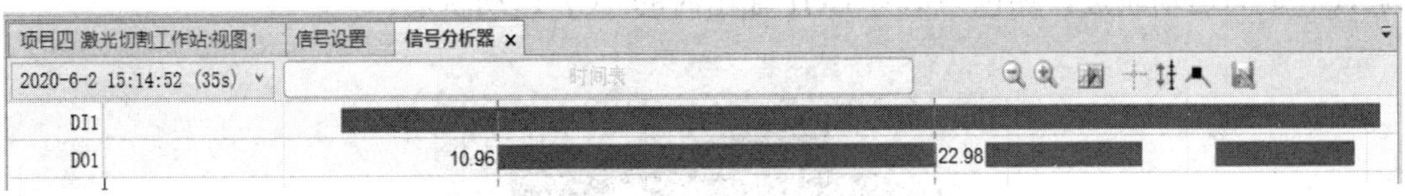

图 4-52 信号分析器页面

4.4.3 启用 TCP 跟踪功能

TCP 跟踪功能用于在仿真期间通过画一条跟踪 TCP 的彩线而目测机器人的关键运动。在仿真功能选项卡下，点击"TCP 跟踪"，弹出 TCP 跟踪设置对话框，根据 TCP 跟踪的要求设置相关参数，如图 4-53 所示。

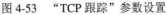

图 4-53 "TCP 跟踪"参数设置

启用 TCP 跟踪

TCP 跟踪设置对话框可以设置需要跟踪的机器人、是否启用 TCP 跟踪、信号颜色等，具体的参数功能说明如表 4-1 所示。

表 4-1　TCP 跟踪设置说明

选 项	功 能 说 明
启用 TCP 跟踪	选中此复选框可对选定机器人的 TCP 路径启动跟踪
在模拟开始时清除轨迹	选择此复选框可在仿真开始时清除当前轨迹
基础色	选择此复选框可启用显示跟踪轨迹的颜色。要更改颜色，单击后方彩色框
信号颜色	选择此复选框可在仿真时随信号变化改变轨迹颜色
清除 TCP 轨迹	单击此按钮可从图形窗口中删除当前跟踪

按照上述参数设置完后，启用跟踪，其 TCP 跟踪输出如图 4-54 所示，其中红色轨迹为 TCP 空间运动轨迹，绿色为信号 DO1 输出时的 TCP 运动轨迹。

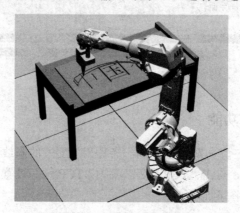

图 4-54　TCP 跟踪输出视图

4.4.4　仿真动画输出

有时候由于模型和路径评估需要，往往要在没有安装 RobotStudio 软件的计算机上进行工作站演示。RobotStudio 软件提供了保存工作站画面功能用于仿真动画输出，该功能可以将工作站文件和 3D 演示文件打包到一起，生成 exe 执行文件。具体的操作步骤如下：

(1) 在仿真功能选项卡下，点击"播放"按钮，在弹出的菜单中，选择"录制视图"，如图 4-55 所示。

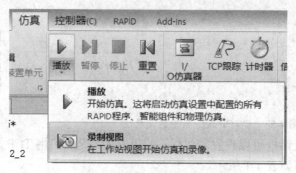

图 4-55　选择"录制视图"

(2) 机器人程序运行仿真完毕后，弹出"另存为"对话框，根据需要设置文件保存路径、文件名及保存类型等参数，如图 4-56 所示。

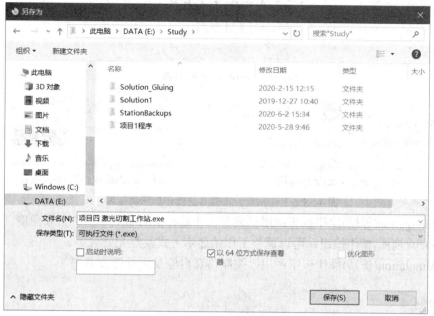

图 4-56 设置"另存为"参数

(3) 双击保存好的 exe 执行文件，打开工作站查看窗口，如图 4-57 所示，借助查看窗口中的各功能按钮，可以方便的查看工作站 3D 状态及仿真动画。

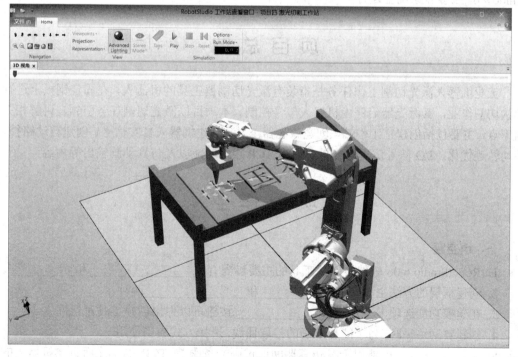

图 4-57 工作站查看窗口

工作站查看器窗口上方设有 Navigation(导航)操作、View(视图)操作和 Simulation(仿真)

操作三组演示操作按钮，如图4-58所示，每个操作功能组都有其具体的功能。

(a) Navigation(导航)操作按钮

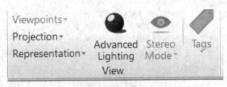

(b) View(视图)操作按钮

(c) Simulation(仿真)操作按钮

图4-58　工作站查看器拥有的操作演示功能组

① Navigation(导航)操作按钮：用以调整工作站在空间布局中的位置和角度。

② View(视图)操作按钮：用以调整工作站显示方式及灯光处理等。

③ Simulation(仿真)操作按钮：用以控制仿真启停及运行速度调整等。

◇ 小贴士

(1) 回放计算机上必须安装.NET Framework 4.5。

(2) RobotStudio 64位版本可以创建64位工作站查看器。但64位工作站查看器只能在Window 64位操作系统上运行。

项 目 总 结

工业机器人激光切割工作任务是指装有激光切割器工具的机器人，在固定钢板上进行形状切割作业，其激光器启停由机器人信号控制。本项目以激光切割任务引领，讲解相关知识点，主要包括创建空工作站、创建激光器工具、创建机器人真实信号、创建自动路径、手动轨迹优化、I/O信号仿真与分析、启用TCP跟踪功能以及仿真动画输出等内容。

项 目 作 业

一、填空题

1. RobotStudio 6.06软件中创建工具的主要步骤有：_____、_____和_____。

2. 创建框架的方法主要有_____和_____两种。

3. 在建模功能选项卡下，点击_____按钮可以弹出创建工具对话框。

4. 创建自动路径时，为了能够准确的拾取曲线，选择方式应当使用_____。

5. _____能用于在仿真期间通过画一条跟踪TCP的彩线而目测机器人的关键运动。

二、判断题

1. 导入后的激光器不能直接使用，它只是一个工具模型，并不具备工具的属性。（　　）

2. 创建工具时直接使用模型已有原点，不需要重新设定本地原点。（　　）

3. 仿真功能选项卡下的 I/O 仿真器可以用于机器人仿真时 I/O 信号状态监控，便于程序的仿真调试。（　　）

4. TCP 跟踪设置对话框中可以设置需要跟踪的机器人、是否启用 TCP 跟踪、跟踪信号颜色等参数，便于观察机器人的运动。（　　）

5. RobotStudio 软件提供了保存工作站画面功能用于仿真动画输出，该功能可以将工作站文件和 3D 演示文件打包到一起，生成 exe 执行文件。（　　）

三、选择题

1. 激光器工具的创建主要有（　　　）三个步骤。

A. 设定工具的本地原点、创建工具坐标系框架、创建工具

B. 导入模型、创建工具坐标系框架、创建工具

C. 创建工具坐标系框架、放置框架、创建工具

D. 导入模型、创建工具坐标系框架、放置框架

2. 新建的 DeviceNet Device 地址可以是（　　　）。

A. 任意值　　　　　　　　　　　B. 0～63

C. 5.6　　　　　　　　　　　　　D. 0～100

项目五　工业机器人搬运任务编程与仿真

【项目目标】

熟悉工业机器人搬运工作任务的要求，学会创建机械装置，掌握搬运仿真工作站的创建，掌握工业机器人搬运运动轨迹程序的创建，学会启用和配置事件管理器，学会工业机器人搬运工作站的仿真运行与调试，掌握计时器功能的使用方法。

任务 5.1　工业机器人搬运工作任务简介

【任务目标】

(1) 了解工业机器人搬运作业的应用场合。

(2) 熟悉工业机器人搬运工作任务的要求以及具体的任务内容。

搬运作业是指将工件从一个位置移到另一个位置。搬运机器人可安装不同的末端执行器来完成各种不同形状和状态的工件搬运工作，大大减轻了人类繁重的体力劳动。目前世界上使用的搬运机器人逾 10 万台，被广泛应用于机床上下料、冲压机自动化生产线、自动装配流水线、码垛搬运、集装箱的自动搬运等。图 5-1 为搬运机器人实物图。

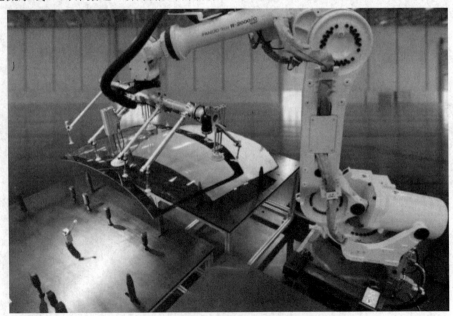

图 5-1　搬运机器人实物图

本项目将以工业机器人搬运工作任务为例讲解相关知识点，任务设定为安装有导轨和抓取工具的机器人，将工件"轮毂"从一个工作台搬运至另外一个工作台。具体的工作任务如图 5-2 所示，机器人从初始位置点出发，依次进行通过初始位置，拾取工件，搬运工件，放置工件，回到初始位置。本项目主要涉及的知识点有机械装置的创建、带导轨机器人系统的创建、事件管理器的设置、搬运路径的创建与优化以及仿真运行和录制仿真视图的基本方法等内容。

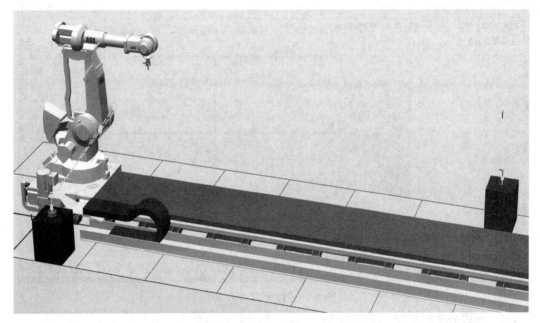

图 5-2 搬运工作任务示意图

任务 5.2 搬运仿真工作站的构建

【任务目标】

(1) 掌握机械装置的创建方法。

(2) 学会创建带导轨的机器人系统。

(3) 学会搭建搬运工作站。

(4) 学会启用事件管理器。

5.2.1 创建机械装置

RobotStudio 软件中的机械装置是由若干机械零件组装在一起的装置，通过设置其机械特性能够实现相应的运动。机械装置能够使工作站在离线仿真时更加真实地展示工作站的情景。常用的机械装置有输送带、滑台、活塞及各类夹具等。

本节以活塞机械装置的创建为例，介绍机械装置的创建方法，具体操作步骤如下：

(1) 创建空工作站。创建模型必须有工作站，因此新建空工作站并保存为"活塞工作站"，如图 5-3 所示。

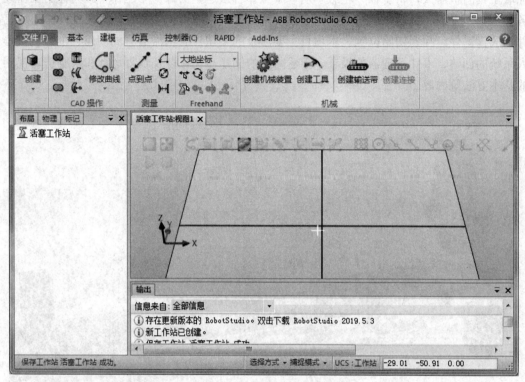

图 5-3　创建活塞工作站

(2) 创建活塞杆模型。根据活塞的组成，创建活塞杆模型，具体的创建步骤如下：

① 在建模功能选项卡中，单击"固体"，选择"圆柱体"，完成活塞的创建(直径为 100 mm，高度为 20 mm)，如图 5-4 所示。

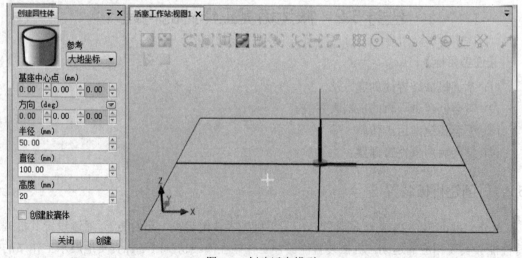

图 5-4　创建活塞模型

② 在建模功能选项卡中，单击"固体"，选择"圆柱体"，完成活塞杆的创建(直径为 40 mm，高度为 500 mm)，如图 5-5 所示。

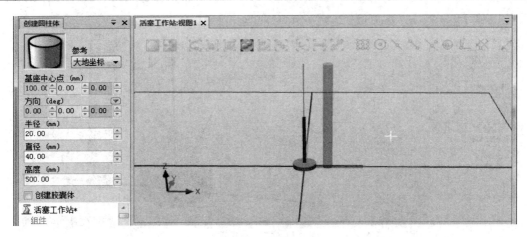

图 5-5　创建活塞杆

③ 在建模功能选项卡中，将选择方式设置成"选择部件"，右击活塞杆，依次点击"位置"→"放置"→"一个点"，如图 5-6 所示。

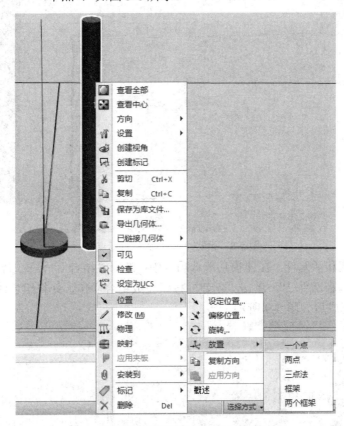

图 5-6　设置活塞杆放置方式

④ 设置捕捉模式为"捕捉中心"，单击"放置对象"输入框中的"主点-从"坐标，选择活塞杆底面圆的圆心，如图 5-7 所示。

⑤ 单击"放置对象"输入框中的"主点-到"，选择活塞上表面圆的圆心，然后单击"应用"完成放置，如图 5-8 所示。

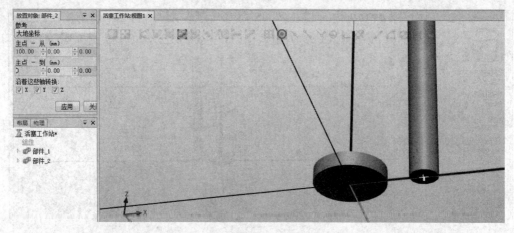

图 5-7 设置"主点-从"目标点

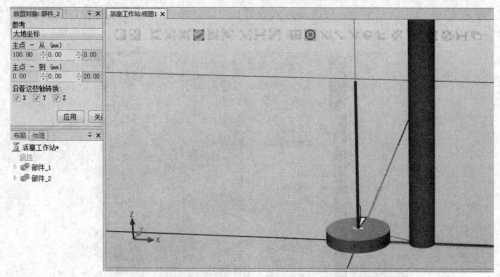

图 5-8 设置"主点-到"目标点

(3) 组合活塞和活塞杆。在建模功能选项卡中,选择"结合",设置结合对象为"活塞部件 1"和"活塞杆部件 2",单击"创建"按钮完成结合操作,并将组合体部件 3 重命名为"活塞杆",完成后如图 5-9 所示。

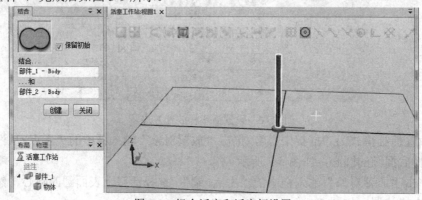

图 5-9 组合活塞和活塞杆设置

(4) 创建活塞套筒模型。根据活塞的组成,创建活塞套筒模型,具体的创建步骤如下:

① 在建模功能选项卡中,单击"固体",选择"圆柱体",完成大、小圆柱体的创建(大圆柱直径为 120 mm,高度为 450 mm;小圆柱直径为 100 mm,高度为 400 mm),并把部件 1 与部件 2 设置为不可见,如图 5-10 所示。

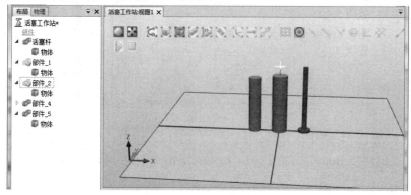

图 5-10　创建大、小圆柱体

② 利用"两个框架法"将大、小圆柱体结合在一起。在建模功能选项卡中,单击"框架",选择"创建框架",框架位置为"0""0""20",即定位于大圆柱底面圆的圆心 Z 方向 20 mm 处;框架方向为默认值,单击"创建"按钮,如图 5-11 所示。

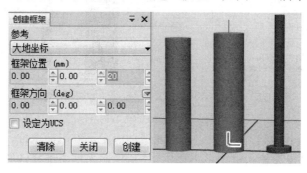

图 5-11　创建框架 1

③ 在建模功能选项卡中,单击"框架",选择"创建框架",框架位置为"−200""0""0",即定位于小圆柱底面圆心处,框架方向为默认值,单击"创建"按钮,如图 5-12 所示。

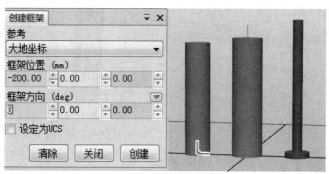

图 5-12　创建框架 2

④ 右击部件_5 小圆柱体,选择"两个框架"放置方式。在"通过两个框架进行放置"

输入框中，"从"框架选择"框架_2"，"到"框架选择"框架_1"，单击"应用"按钮，如图 5-13 所示。

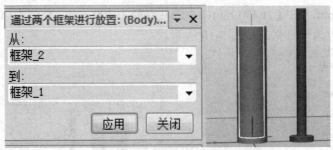

图 5-13　"两个框架"放置设置

⑤ 在建模功能选项卡中选择"减去"，在"减去"输入框中，第 1 项选择"部件_4-Body"，第 2 项选择"部件_5-Body"，如图 5-14 所示，单击"创建"按钮生成部件_6。将部件_6 重命名为"活塞套筒"，颜色改为"棕黄色"，并隐藏部件_4 和部件_5。

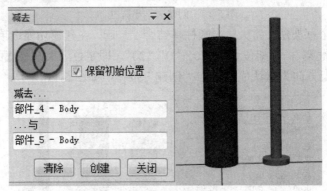

图 5-14　创建活塞套筒

(5) 装配活塞杆和活塞套筒。在建模功能选项卡中，右击活塞杆，选择"一个点"放置方式。在"放置对象"输入框中单击"主点-从"输入框，选择活塞杆底面圆的圆心，单击"主点-到"输入框，选择活塞套筒底部上表面圆的圆心，单击"应用"按钮完成放置，如图 5-15 所示。活塞模型创建完成后可以依次删除部件_1～部件_5、框架 1、框架 2。

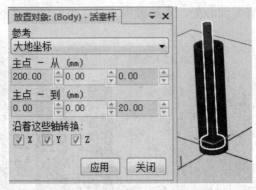

图 5-15　活塞杆和活塞套筒装配参数设置

(6) 创建活塞机械装置。活塞模型创建好后，需要进行机械装置创建设置，具体操作步骤如下：

① 在建模功能选项卡中，单击"创建机械装置"，设置"机械装置模型名称"为"活塞"，设置"机械装置类型"为"设备"，如图 5-16 所示。

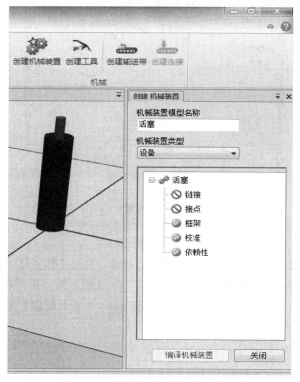

图 5-16 设置机械装置名称和类型

② 双击"创建机械装置"中的"链接"，在弹出的"创建链接"对话框的"链接名称"文本框中输入"L1"，在"所选组件"下拉列表中选择"活塞套筒"，选中"设置为 BaseLink"复选框，单击右侧箭头按钮将其添加至主页，再单击"应用"按钮，如图 5-17 所示。

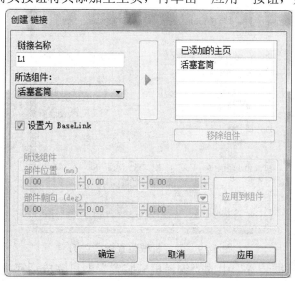

图 5-17 创建链接 L1

③ 重复上述步骤创建链接 L2，所选组件选择 "活塞杆"，单击"确定"按钮，完成

链接创建，如图 5-18 所示。

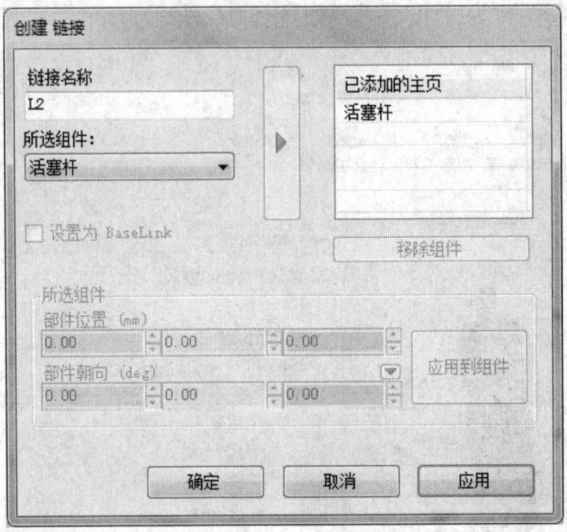

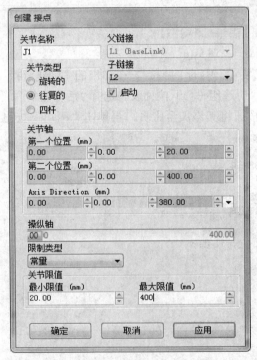

图 5-18　创建链接 L2

④ 创建机械装置的接点。双击"创建机械装置"中的"接点"，设置"关节名称"为"J1"，"关节类型"为"往复的"，关节轴"第一个位置"为"0""0""20"，"第二个位置"为"0""0""400"，关节"最小限值"为 20 mm，"最大限值"为 400 mm，单击"确定"按钮，如图 5-19 所示。

图 5-19　创建机械装置链接点 J1

⑤ 单击"创建机械装置"中的"编译机械装置"即可完成活塞机械装置的创建。

(7) 创建机械装置姿态。活塞机械装置创建完成后，为了后续使用方便，可以添加机械装置姿态，具体操作步骤如下：

① 单击"创建机械装置"中的"添加"按钮添加新姿态，设置"姿态名称"为"原点位置"，"关节值"为 20，同时选中"原点姿态"复选框，单击"应用"按钮，如图 5-20 所示。

图 5-20　创建"原点位置"姿态

② 重复上述步骤，创建"终点位置"姿态，设置"关节值"为 400(可拖动滚动条实现)，单击"确定"按钮，如图 5-21 所示。

图 5-21　创建 "终点位置"姿态

(8) 设置不同姿态的转换时间。单击右下方的"设置转换时间"按钮，设置不同姿态的转换时间，此例均设置为 2 s，然后单击"确定"按钮，如图 5-22 所示。

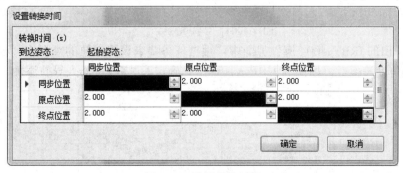

图 5-22　设置转换时间

机械装置创建完成后可以保存成库文件，以便在后续的工作中使用，具体方法如下：

在左侧"布局"栏中，右击创建好的活塞机械装置，选择"保存为库文件"即可将其保存为库文件，如图 5-23 所示。

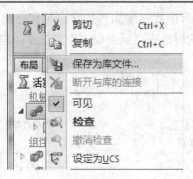

图 5-23　保存活塞机械装置为库文件

◇ 小贴士

创建合适的机械装置可以让机器人仿真系统的动画更加真实，同时结合机器人信号的使用，可以更好地用于系统仿真调试。

5.2.2　创建带导轨的机器人系统

本项目中使用的机器人是一个带有导轨的移动机器人系统，本节介绍创建带导轨的机器人系统，具体操作步骤如下：

(1) 在基本功能选项卡中，单击"ABB 模型库"，选择"IRBT 4004"导轨系列，如图 5-24 所示。此导轨系统可以安装 IRB 4400 与 IRB 4600 系列工业机器人。

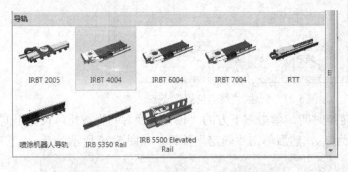

创建带滑轨的
机器人

图 5-24　选择"IRBT 4004"导轨系列

(2) 在弹出的 IRBT 4004 属性界面中，根据任务要求设置导轨的类型、行程、基座高度、机器人角度等参数，如图 5-25 所示，单击"确定"，完成机器人导轨添加。

图 5-25　导轨参数设置

(3) 在基本功能选项卡中，单击"ABB 模型库"，选择"IRB 4400"型号机器人，模型添加完成后如图 5-26 所示。

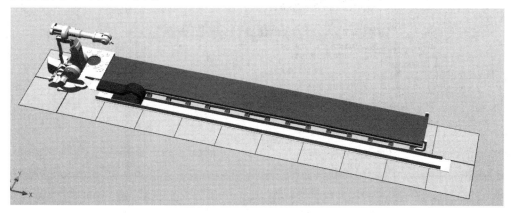

图 5-26 添加机器人模型

(4) 选中"IRB 4400_60_196__03"，右键单击后选择"安装到"，选中"IRBT4004_STD_0_0_8__04_2"导轨，如图 5-27 所示，在弹出的"更新位置"对话框中单击"是"，出现"机器人与导轨是否同步"的对话框，单击"是"，完成机器人与导轨的安装。

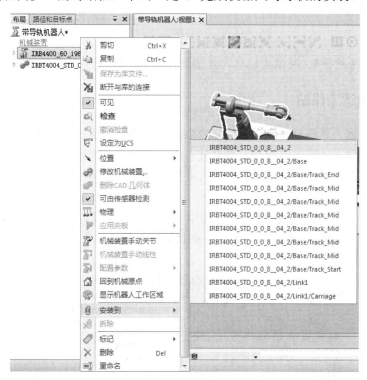

图 5-27 机器人安装设置

(5) 在基本功能选项卡下，依次点击"机器人系统"，"从布局"创建名称为"带导轨机器人_1"的机器人系统，需要注意的是在配置过程中出现"选择系统的机械装置"界面，在此界面中一定要全部选中"IRB4400_60_196_03"与"IRBT4004_STD_0_0_8_04"作为该系统的一部分，如图 5-28 所示。

图 5-28　创建系统参数设置

◈ 小贴士

添加软件自带的滑轨，可以由机器人直接进行位置控制，无须再配置驱动器及控制信号。

5.2.3　完善搬运工作站

带导轨的机器人系统创建完成后，需要添加其它模型来进一步完善搬运工作站，主要涉及安装工具、导入轮毂工件模型、创建工作台、完善空间布局等内容。

(1) 安装工具。搬运机器人使用专用的夹具进行轮毂工件的搬运，本项目使用先前创建好的库文件，具体操作步骤如下：

① 打开名称为"带导轨机器人_1"的项目，在基本功能选项卡的"导入模型库"菜单中选择"浏览库文件"，选择名称为"小夹具.rslib"的库文件，点击"打开"，将"小夹具.rslib"添加到系统中，如图 5-29 所示。

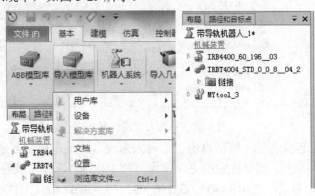

图 5-29　导入夹具库文件

② 在左侧"布局"栏中，单击"MYtool_3"，按住左键将其拖动到"IRB 4400"上，然后在弹出的"更新位置"窗口单击"是(Y)"按钮，完成工具的安装。工具安装完成后的机器人模型如图 5-30 所示。将工作站系统另存为"带导轨机器人_2"。

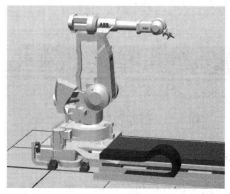

图 5-30　装有工具的机器人模型

(2) 导入轮毂工件模型。打开名称为"带导轨机器人_2"的项目，在基本功能选项卡的"导入模型库"菜单中选择"浏览库文件"，选择名称为"轮毂.rslib"的库文件，点击"打开"，将"轮毂.rslib"添加到系统中，如图 5-31 所示。

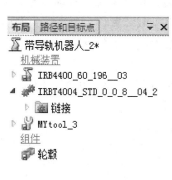

图 5-31　导入轮毂模型库文件

(3) 创建工作台。在建模功能选项卡中，单击"固体"，选择"矩形体"，创建 2 个工作台，尺寸统一，颜色设置为蓝色(长度为 400 mm，宽度为 400，高度为 500 mm)，并放置在输送带两侧适当位置，如图 5-32 所示。

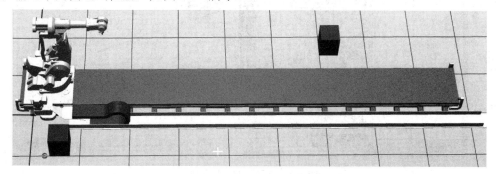

图 5-32　工作台创建与摆放

(4) 完善空间布局。适当调整各模型空间布局，并将工件"轮毂"放置到初始工作台中心位置，如图 5-33 所示，完成搬运工作站的创建。

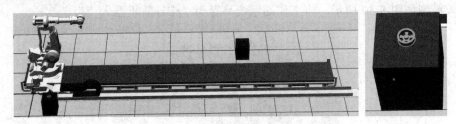

图 5-33　创建完成的搬运工作站

5.2.1　启用事件管理器

RobotStudio 软件中运动动画仿真提供了两种方案，一种是基于事件管理器运动动画仿真，该方法配置简单，但是动画功能有限，适合简单动画；另外一种是基于 Smart 组件运动动画仿真，该方法配置复杂，但是动画效果逼真。本项目主要采用基于事件管理器实现动画仿真。

基于事件管理器的动画仿真主要能实现将机械装置移至姿态、移动对象、附加对象、提取对象、打开/关闭 TCP 跟踪等功能，下面以"将机械装置移至姿态"为例讲解事件管理器的配置与使用。该事件管理器能够实现将工作站中的机械装置移至指定姿态的动画仿真，具体操作步骤如下：

(1) 打开"活塞"库文件，并添加"IRB120_3_58_01"机器人模型，创建"活塞系统"工作站，如图 5-34 所示。

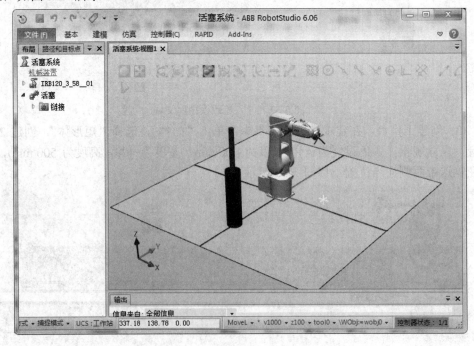

图 5-34　活塞系统工作站

（2）在控制器功能选项卡中，选择"配置编辑器"中的"I/O System"，进入配置信号界面，如图 5-35 所示。

图 5-35　打开"配置编辑器"

（3）配置信号界面中选择"Signal"，在此界面中的右侧界面空白处右键单击，选择"新建 Signal"，如图 5-36 所示。

活塞系统视图1	System12 (工作站) ×			
配置 - I/O System ×				− ⊙ +
类型	Name	Type of Signal	Assigned to Device	Signal Identif
Access Level	AS1	Digital Input	PANEL	Automatic Stop
Cross Connection	AS2	Digital Input	PANEL	Automatic Stop
Device Trust Level	AUTO1	Digital Input	PANEL	Automatic Mode()
DeviceNet Command	AUTO2	Digital Input	PANEL	Automatic Mode
DeviceNet Device	CH1	Digital Input	PANEL	Run Chain 1
DeviceNet Internal Device	CH2			Run Chain 2
EtherNet/IP Command	DRV1BRAK	查看 Signal...		Brake-release c
EtherNet/IP Device	DRV1BRAK	新建 Signal...		Brake Feedback()
Industrial Network	DRV1BRAK	复制 Signal		Brake Voltage O
Route	DRV1CHAI			Chain 1 Interlo
	DRV1CHAI	删除 Signal		Chain 2 Interlo
Signal	DRV1EXTCONT	Digital Input	DRV_1	External custome
Signal Safe Level	DRV1FAN1	Digital Input	DRV_1	Drive Unit FAN1
System Input	DRV1FAN2	Digital Input	DRV_1	Drive Unit FAN2
System Output	DRV1K1	Digital Input	DRV_1	Contactor K1 Re
	DRV1K2	Digital Input	DRV_1	Contactor K2 Re
	DRV1LIM1	Digital Input	DRV_1	Limit Switch 1
	DRV1LIM2	Digital Input	DRV_1	Limit Switch 2
	DRV1PANCH1	Digital Input	DRV_1	Drive Voltage c

图 5-36　信号配置界面

（4）在弹出配置信号界面中输入相应信号名称"DO_0"，信号类型选择"Digital Output"，其余参数默认即可，点击"确定"按钮，如图 5-37 所示。

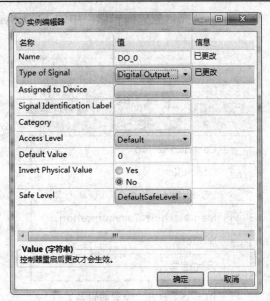

图 5-37　信号配置

(5) 在弹出重启提示对话框中点击"确定"按钮，然后在控制器功能选项卡中选择"重启动(热启动)"，如图 5-38 所示，在新弹出的界面中再次点击"确定"按钮，完成重启工作。

图 5-38　重启系统

(6) 在仿真功能选项卡中点击"配置"菜单中的右下角箭头，弹出"事件管理器"编辑器，如图 5-39 所示。

图 5-39　事件管理器编辑器

(7) 在"事件管理器"界面中点击"添加…"按钮，依次对事件触发类型、触发信号、动作类型、机械装置及姿态等设置，最后点击"完成"按钮完成配置，如图 5-40 所示。

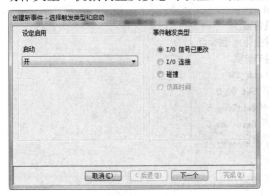

(a) 选择事件触发类型

(b) 选择触发信号

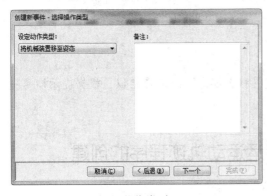

(c) 设定动作类型

(d) 选择机械装置及姿态

图 5-40　"将机械装置移至姿态"事件管理器配置

(8) 重复步骤(7)，完成"信号 DO_0"是 False 的事件管理器配置，姿态位置选择"原点位置"即可。

(9) 在基本功能选项卡中选择"路径"，并添加"空路径"，如图 5-41 所示。

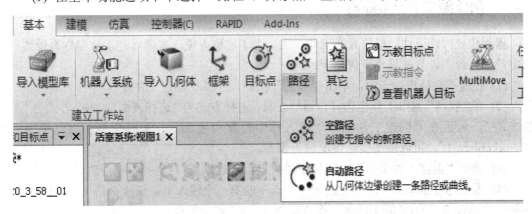

图 5-41　创建空路径

(10) 右击选中空路径"Path_10"，选择"插入逻辑指令"，依次完成"Set DO_0""WaitTime 5""Reset DO_0"等指令的添加，如图 5-42 所示。

图 5-42　插入逻辑指令

程序创建完成后同步至 RAPID，在仿真功能选项卡下，运行仿真，即可看到活塞运动的动画仿真。

◇　小贴士

其它事件管理器的配置和上述"将机械装置移至姿态"的配置相似，根据提示即可完成相应设置。

任务 5.3　工业机器人搬运运动轨迹程序的创建

【任务目标】

(1)　掌握搬运工作站工件坐标系的创建方法。

(2)　学会创建机器人搬运路径。

(3)　学会优化机器人搬运路径。

5.3.1　创建搬运工件坐标系

搬运作业时，工件轮毂放置在工作台上，为了定位方便，本项目把工件坐标系设置在固定的工作台上。具体操作步骤如下：

(1)　在基本功能选项卡中，单击"其它"按钮，选择"创建工件坐标"。

(2)　在"视图"窗口工具栏选择合适的工具，选择方式为"选择表面"，捕捉方式为"捕捉末端"，然后在"创建工件坐标"输入框中设置相关参数，工件坐标的默认名称是"Workobject_1"，可以根据实际情况进行修改。

(3)　单击"创建工件坐标"输入框中的"取点创建框架"，选择"三点"。

(4)　用鼠标左键单击"X 轴上的第一个点"的第一个输入框，依次单击 1 号点(X 轴上的第一个点)、2 号点(X 轴上的第二个点)、3 号点(Y 轴上的点)。

(5)　确认三个点的数据生成后，单击"Accept"按钮。

(6)　确认数据完成后，单击"创建工件坐标"输入框中的"创建"按钮，创建完成的工件坐标如图 5-43 所示。

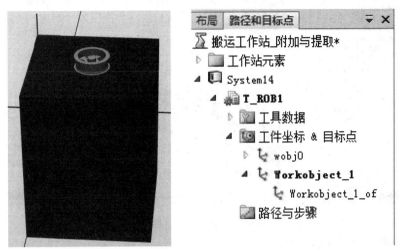

图 5-43　创建完成的搬运工作站工件坐标系

5.3.2　创建搬运路径

本任务所要创建的工业机器人运动轨迹指将工件轮毂从一处位置搬运至另外一处位置，也就是使安装在法兰盘上的工具"MYtool"在工件坐标"Workobject_1"中将工件轮毂从初始工作站台搬运至末端工作站。具体操作步骤如下：

(1) 在基本功能选项卡中，单击"路径"，选择"空路径"，如图 5-44 所示。

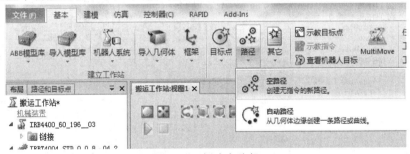

图 5-44　创建空路径

(2) 根据任务要求，设置坐标、工具、指令等相关参数，如图 5-45 所示。运动指令设置为"MoveAbsJ V500 fine"，工件坐标设置为"Workobjcct_1"，工具选择"MYtool"。

图 5-45　搬运工作站初始参数设置

(3) 创建机器人起始路径，具体步骤如下：

① 示教机器人运动轨迹的初始位置目标点选择 Freehand 中的"手动线性"。

② 拖动机器人到合适的位置。

③ 单击"示教指令"，在左侧"路径和目标点"栏中生成相应的运动指令"MoveAbsJ JointTarget_1"，如图 5-46 所示。

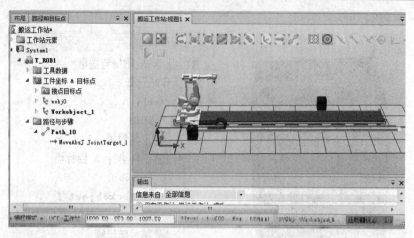

图 5-46　示教初始目标点

(4) 示教第一个目标点，具体步骤如下：

① 捕捉方式选择"捕捉中心"，运动指令设置为"MoveJ"。

② 使用 Freehand 工具，拖动机器人到第一个目标点。

③ 单击"示教指令"，在左侧"路径和目标点"栏中生成相应的运动指令"MoveJ Target_10"，如图 5-47 所示。

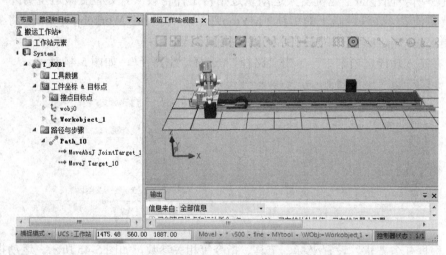

图 5-47　示教第一个目标点

(5) 插入夹取工件逻辑指令，右击选中"Path_10"，选择"插入逻辑指令"，依次完成"WaitTime 1""Set DO_2"等指令的添加，逻辑指令插入完成后如图 5-48 所示。

图 5-48　插入夹取工件逻辑指令

（6）示教第二个目标点，具体步骤如下：

① 使用 Freehand 工具，拖动机器人到第二个目标点。

② 单击"示教指令"，在左侧"路径和目标点"栏中生成相应的运动指令"MoveJ Target_20"，如图 5-49 所示。

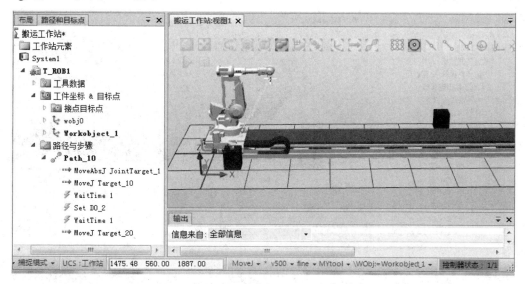

图 5-49　示教第二个目标点

（7）示教第三个目标点，具体步骤如下：

① 选择 Freehand 中的"手动关节"。

② 拖动机器人在导轨上运动至合适的位置。

③ 使用 Freehand 工具，拖动机器人到第三个目标点。

④ 单击"示教指令"，在左侧"路径和目标点"栏中生成相应的运动指令"MoveJ Target_30"，如图 5-50 所示。

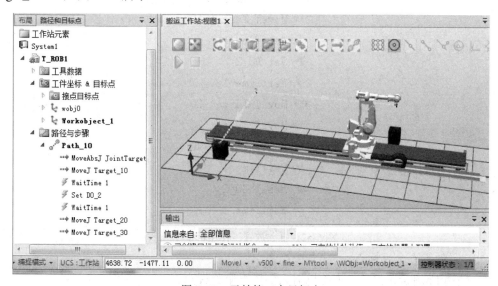

图 5-50　示教第三个目标点

(8) 示教第四个目标点，具体步骤如下：

① 使用 Freehand 工具，拖动机器人到第四个目标点。

② 单击"示教指令"，在左侧"路径和目标点"栏中生成相应的运动指令"MoveJ
Target_40"，如图 5-51 所示。

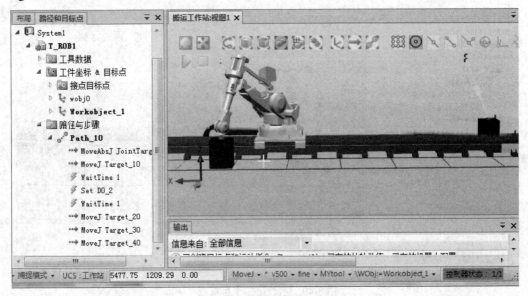

图 5-51   示教第四个目标点

(9) 插入放置工件逻辑指令，右击选中"Path_10"，选择"插入逻辑指令"，依次完成
"WaitTime 1""Reset DO_2"等指令的添加，逻辑指令插入完成后如图 5-52 所示。

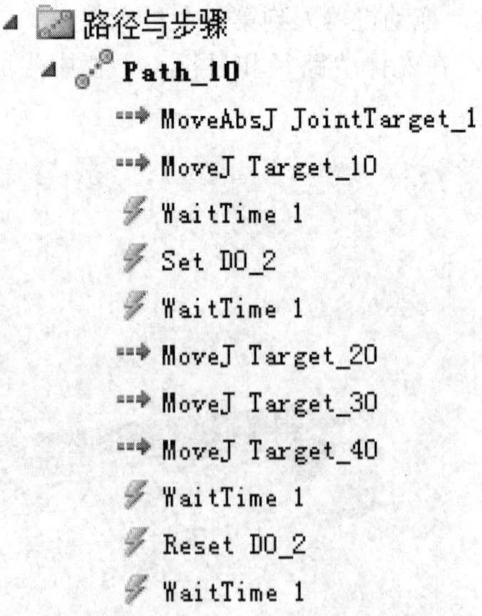

```
▲ 📰 路径与步骤
  ▲ 🔗 Path_10
      ⇒➡ MoveAbsJ JointTarget_1
      ⇒➡ MoveJ Target_10
      ⚡ WaitTime 1
      ⚡ Set DO_2
      ⚡ WaitTime 1
      ⇒➡ MoveJ Target_20
      ⇒➡ MoveJ Target_30
      ⇒➡ MoveJ Target_40
      ⚡ WaitTime 1
      ⚡ Reset DO_2
      ⚡ WaitTime 1
```

图 5-52   插入放置工件逻辑指令

(10) 示教第五个目标点。

① 使用 Freehand 工具，拖动机器人到第五个目标点。

② 单击"示教指令"，在左侧"路径和目标点"栏中生成相应的运动指令"MoveJ

Target_50",如图 5-53 所示。

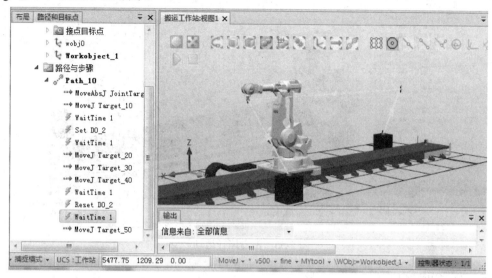

图 5-53　示教第五个目标点

(11) 创建机器人返回路径。

路径轨迹创建完成后,机器人停留在如图 5-53 所示的第五个目标点位置处。为便于机器人后续仿真运行,需将机器人拖动到导轨起始位置处,然后单击"示教指令"生成相应的运动指令,或复制第一条指令作为最后一条指令,如图 5-54 所示。

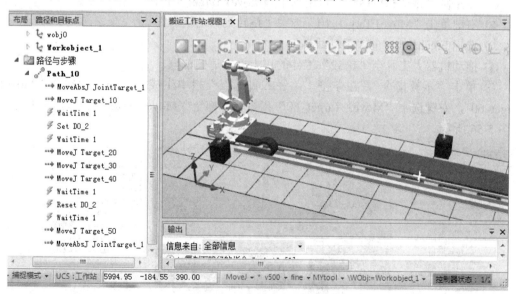

图 5-54　返回初始目标点

(12) 沿着路径运动。

自动轴参数配置完成后,在仿真前检查机器人能否正常运行。选择"Path_10",单击鼠标右键,选择下拉菜单中的"沿着路径运动",若没有问题则机器人沿着创建的路径运动一个循环;若存在问题则需要根据相应的输出提示信息修改路径,直至路径正确无误。如图 5-55 所示。

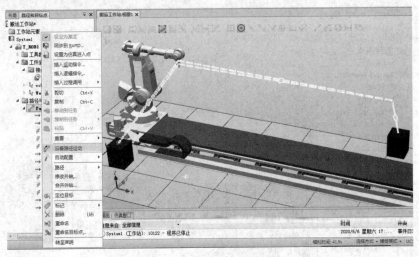

图 5-55　沿着路径运动

5.3.3　搬运路径优化

上述路径创建好后，机器人基本能够完成搬运任务，但是搬运作业路径需要进一步优化，增加搬运作业中间过渡点，以确保搬运任务高质量完成，具体操作步骤如下：

(1) 示教第六个目标点。

① 在左侧"路径和目标点"栏中选中"MoveJ Target_10"。

② 右键单击"MoveJ Target_10"选中"跳转到移动指令"。

③ 选择 Frechand 中的"手动线性"。

④ 拖动机器人工具至"轮毂"工件的正上方合适的位置。

⑤ 单击"示教指令"，在左侧"路径和目标点"栏中生成相应的运动指令"MoveJ Target_60"，左键选中"MoveJ Target_60"指令行并拖至"MoveJ Target_10"指令上方，如图 5-56 所示。

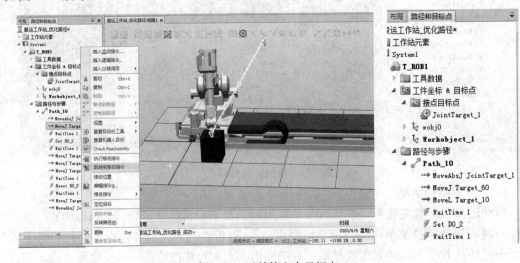

图 5-56　示教第六个目标点

(2) 修改第一个目标点。

① 在左侧"路径和目标点"栏中选中"MoveJ Target_10"。

② 右键单击"MoveJ Target_10"选中"编辑指令"。

③ 在弹出的界面中将动作类型修改为"Linear"，并点击"应用"完成设置，如图 5-57 所示。

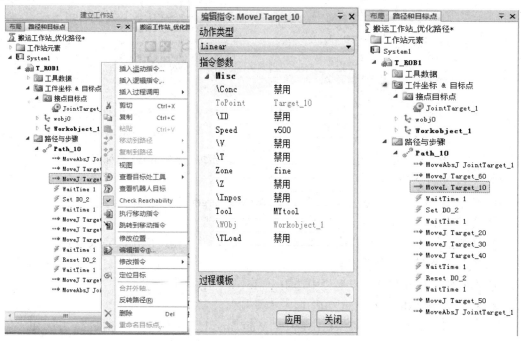

图 5-57　修改第一个目标点

(3) 复制新增第六个目标点。

① 在左侧"路径和目标点"栏中选中"MoveJ Target_60"。

② 右键单击"MoveJ Target_60"选中"复制"。

③ 在左侧"路径和目标点"栏中选中"WaitTime 1"，右键单击"粘贴"，并弹出"创建新目标点吗？"界面，单击"否"。

④ 在左侧"路径和目标点"栏中选中"WaitTime 1"下方的"MoveJ Target_60"。

⑤ 右键单击"MoveJ Target_60"选中"编辑指令"，在弹出的界面中将动作类型修改为"Linear"，并点击"应用"完成设置，将"MoveJ Target_60"修改为"MoveL Target_60"，如图 5-58 所示。

(4) 示教第七个目标点。

① 在左侧"路径和目标点"栏中选中"MoveJ Target_40"。

② 右键单击 "MoveJ Target_40"选中"跳转到移动指令"。

③ 选择 Frechand 中的"手动线性"。

④ 拖动机器人工具至放置"轮毂"目标点的正上方合适的位置。

⑤ 单击"示教指令"，在左侧"路径和目标点"栏中生成相应的运动指令"MoveJ Target_70"，左键选中"MoveJ Target_70"指令行并拖至"MoveJ Target_40"指令上方，如图 5-59 所示。

图 5-58　复制新增第六个目标点　　　　图 5-59　示教第七个目标点

(5) 修改第四个目标点。

① 在左侧"路径和目标点"栏中选中"MoveJ Target_40"。

② 右键单击"MoveJ Target_40"选中"编辑指令"。

③ 在弹出的界面中将动作类型修改为"Linear",并点击"应用"完成设置。

(6) 复制新增第七个目标点。

① 在左侧"路径和目标点"栏中选中"MoveJ Target_70"。

② 右键单击"MoveJ Target_70"选中"复制"。

③ 在左侧"路径和目标点"栏中选中"WaitTime 1",右键单击"粘贴",并弹出"创建新目标点吗?"界面,单击"否"。

④ 在左侧"路径和目标点"栏中选中"WaitTime 1"下方的"MoveJ Target_70"。

⑤ 右键单击"MoveJ Target_70"选中"编辑指令",在弹出的界面中将动作类型修改为"Linear",并点击"应用"完成设置,将"MoveJ Target_70"修改为"MoveL Target_70",复制新增第七个目标点完成后如图 5-60 所示。

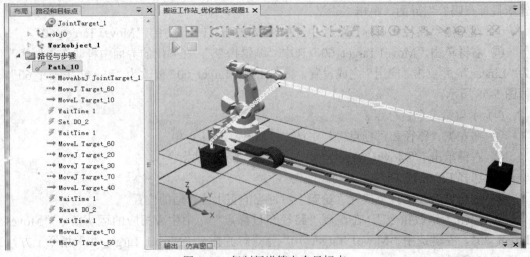

图 5-60　复制新增第七个目标点

至此，搬运工作站程序全部优化完成，完整的程序如下：

```
PROC Path_10()
    MoveAbsJ JointTarget_1, v500, fine, MYtool\WObj := Workobject_1;
    MoveJ Target_60, v500, fine, MYtool\WObj := Workobject_1;
    MoveL Target_10, v500, fine, MYtool\WObj := Workobject_1;
    WaitTime 1;
    Set DO_2;
    WaitTime 1;
    MoveL Target_60, v500, fine, MYtool\WObj := Workobject_1;
    MoveJ Target_20, v500, fine, MYtool\WObj := Workobject_1;
    MoveJ Target_30, v500, fine, MYtool\WObj := Workobject_1;
    MoveJ Target_70, v500, fine, MYtool\WObj := Workobject_1;
    MoveL Target_40, v500, fine, MYtool\WObj := Workobject_1;
    WaitTime 1;
    Reset DO_2;
    WaitTime 1;
    MoveL Target_70, v500, fine, MYtool\WObj := Workobject_1;
    MoveJ Target_50, v500, fine, MYtool\WObj := Workobject_1;
    MoveAbsJ JointTarget_1, v500, fine, MYtool\WObj := Workobject_1;
ENDPROC
```

任务 5.4　工业机器人搬运仿真运行与调试

【任务目标】

(1) 学会配置事件管理器。
(2) 掌握系统仿真运行的方法。
(3) 学会使用计时器功能。

事件管理器的使用

5.4.1　配置事件管理器

基于事件管理器能够实现附加与提取对象的动画仿真，还可以用于物块的抓取与放置，本项目中的搬运动作即由该事件管理器实现，具体操作步骤如下：

(1) 打开名称为"搬运工作站"的项目，在控制器功能选项卡中选择"配置编辑器"中的"I/O System"，进入配置信号界面。

(2) 配置信号界面中选择"Signal"，在此界面中的右侧界面空白处右键单击鼠标，选择"新建"。

(3) 在弹出配置信号界面中输入相应的信号名称"DO_2"，信号类型选择"Digital Output"，其余参数默认即可，点击"确定"按钮，如图 5-61 所示。

图 5-61　信号配置

（4）在弹出重启提示对话框中点击"确定"按钮，然后在控制器功能选项卡中选择"重启(热启动)"，在新弹出的界面中再次点击"确定"按钮，完成重启工作，以便上述添加的信号生效。

（5）在仿真功能选项卡中点击"配置"菜单中的右下角箭头，弹出"事件管理器"编辑器，在"事件管理器"界面中点击"添加"按钮，依次对事件触发类型、触发信号、动作类型、附加对象等进行设置，最后点击"完成"按钮完成配置，如图 5-62 所示。

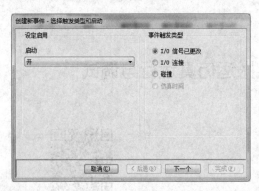

(a) 选择事件触发类型

(b) 选择触发信号

(c) 设定动作类型　　　　　　　　　　(d) 选择附加对象及安装位置

图 5-62　"附加对象"事件管理器配置

(6) 重复步骤(5)完成"提取对象"事件管理器配置，如图 5-63 所示。

(a) 选择事件触发类型　　　　　　　　(b) 选择触发信号

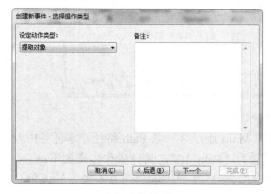

(c) 设定动作类型　　　　　　　　(d) 选择提取对象及提取位置

图 5-63　"提取对象"事件管理器配置

5.4.2　系统仿真运行

工业机器人搬运工作站仿真运行前需将工作站数据同步到 RAPID 中，具体有以下两种方式：

(1) 在基本功能选项卡中，单击"同步"，选择"同步到 RAPID"。

(2) 在左侧"路径和目标点"栏中用鼠标右键单击"Path_10"，选择"同步到 RAPID"。如图 5-64 所示。

(a) 同步到 RAPID 方法 1　　　　　　　　(b) 同步到 RAPID 方法 2

图 5-64　工作站同步到 RAPID

在弹出的"同步到 RAPID"对话框中勾选需要同步的项目，初次同步一般全部勾选，然后单击"确定"按钮，如图 5-65 所示。

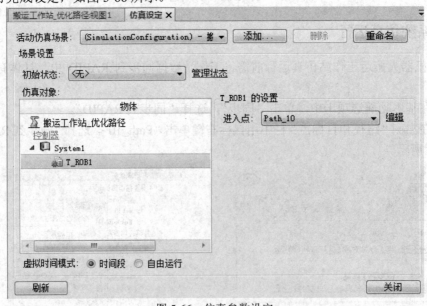

图 5-65　同步参数设置

仿真设定可设定仿真程序的进入点是主程序 Main 还是某一条 Path 路径。本任务中没有创建主程序 Main，因此仿真"进入点"要设置为"Path_10"，具体操作步骤如下：

首先在仿真功能选项卡中，单击"仿真设定"，然后在弹出的"仿真对象"输入框中单击"T_ROB1"，在"T_ROB1 的设置"中选择"进入点"为"Path_10"，单击"确定"按钮即可完成设定，如图 5-66 所示。

图 5-66　仿真参数设定

仿真设定完毕后，在仿真功能选项卡中，单击"播放"按钮，即可看到机器人按照之前示教的轨迹进行运动，如图 5-67 所示。

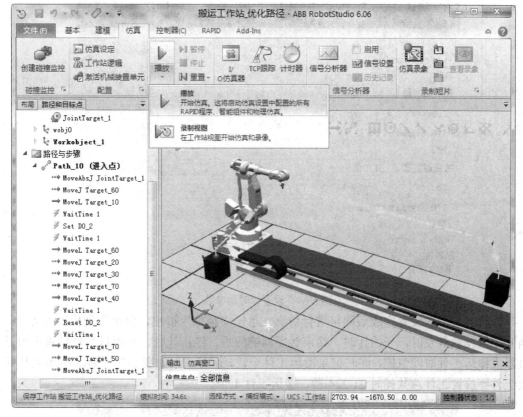

图 5-67　搬运工作站仿真运行

5.4.3　计时器功能

RobotStudio 软件的计时器功能主要用于测量某个过程中在两个触发点之间所花的时间，以及整个过程的时间。这两个触发点被称为开始触发器和结束触发器。在设置计时器后，计时器将在开始触发器发生时开始，并在结束触发器发生时停止。

在仿真功能选项卡下，单击"计时器"，即可弹出计时器设置对话框，如图 5-68 所示。

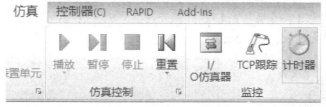

计时器功能

图 5-68　单击"计时器"

计时器设置对话框中可以设置计时器的名称，计时器的开始触发器和结束触发器，其中触发器可以是仿真开始，也可以是目标已更改或 I/O 值，用户可以根据项目需要设置相对应的触发器。本项目开始触发器设置为 I/O 值，其来源"Source"是机器人控制系统"System1"，"I/O Signal"为先前创建的搬运信号"DO_2"，值设置成"1"；同样设置结束触发器各参数，不一样的是这里的值设置成"0"，如图 5-69 所示。

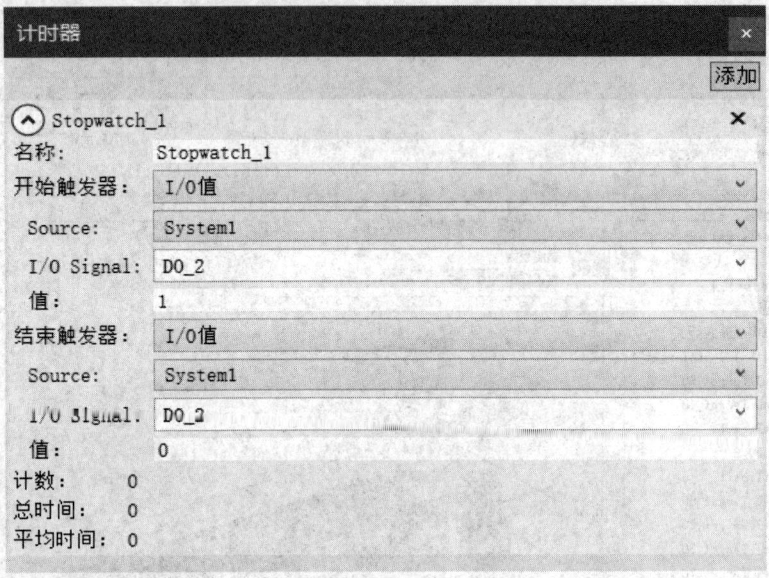

图 5-69　设置计时器参数

计时器各参数设置完成后即可进行仿真，单击"播放"按钮，即可看到机器人运动。当开始触发器触发时，开始计时，结束触发器响应后，停止计时，本项目参数设置可用于机器人搬运工件时间监控，同时记录搬运工件个数，运行结果如图 5-70 所示。机器人从抓取工件到放置工件总共耗时 21.224 秒，搬运工件 1 个。

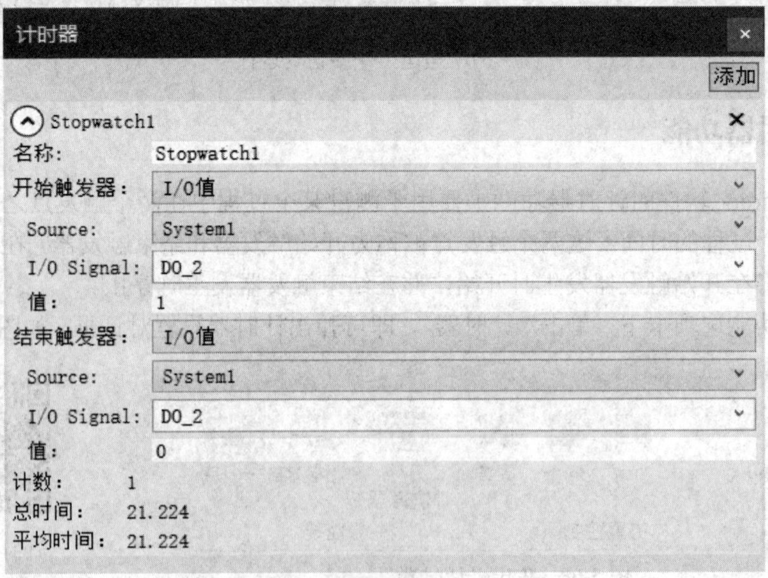

图 5-70　计时器运行结果

项 目 总 结

工业机器人搬运工作任务是指安装有导轨和抓取工具的机器人，将工件从一个工作台搬运至另外一个工作台。本项目以搬运工作任务引领，讲解相关知识点，主要包括创建机械装置、创建带导轨的机器人系统、搬运路径的创建与优化、配置事件管理器以及计时器功能的使用等内容。

项 目 作 业

一、填空题

1. 机械装置是_____组装在一起的装置。

2. 通过设置机械装置的_____能够实现相应的运动。

3. 基于事件管理器的动画仿真主要能实现将_____、_____、_____、_____和打开/关闭 TCP 跟踪等功能。

4. 配置事件管理器时，需要依次对_____、_____、_____、机械装置及姿态等设置。

二、判断题

1. RobotStudio 软件中的机械装置是由若干机械零件组装在一起的装置，通过设置其机械特性能够实现相应的运动。 （   ）

2. 基于事件管理器运动动画仿真，该方法配置简单，但是动画功能有限，适合简单动画。 （   ）

3. 事件管理器能够实现附加与提取对象的动画仿真，可以用于物块的抓取与放置。

（   ）

三、选择题

1. 在创建机械装置的过程中设置机械装置的链接参数时，必须要选择一个链接设置成（   ），否则无法创建机械装置的链接。

A. Fartherlink B. Poplink

C. Baselink D. Tdlink

2. 在创建机械装置的过程中设置机械装置的链接参数时，必须至少为其创建（   ）个链接。

A. 1 B. 2

C. 3 D. 4

项目六　工业机器人码垛任务编程与仿真

【项目目标】

熟悉工业机器人码垛工作任务要求，掌握创建夹爪工具 Smart 组件的方法，学会创建码垛工件坐标系，学会创建码垛程序，掌握测试夹具 Smart 组件的方法，学会设置工作站逻辑，掌握录制仿真动画的方法。

任务 6.1　工业机器人码垛工作任务简介

【任务目标】

(1) 了解工业机器人码垛作业的应用场合。

(2) 熟悉工业机器人码垛工作任务要求以及具体任务内容。

所谓码垛，是按照集成单元化思想，将物料按照一定模式堆码成垛，以实现单元化物料的存储、搬运、装卸、运输等的物流活动。作为工业机器人的典型应用，码垛机器人技术在近几年有着长足发展，其快速发展和当今世界上制造业的小批量、多种类的发展模式是十分吻合的。码垛机器人有着工作能力强、运行速度快、体积比较小、抓取种类多、应用范围广泛等特点。码垛机器人实物图如图 6-1 所示。

图 6-1　码垛机器人实物图

码垛任务是指装有夹具的 IRB 120 工业机器人从取料台取料并搬运至放置台堆垛，机器人从初始位置出发，运动至取料台夹取物块，然后搬运至放置台堆放物块，直至物块码垛完毕，最后再返回初始位置。图 6-2 所示为机器人码垛工作站的布局示意图。本项目主要涉及的知识点有码垛工作站的搭建、夹爪工具 Smart 组件的创建、机器人码垛程序的编制、位姿变量的位置示教以及程序的仿真与调试。

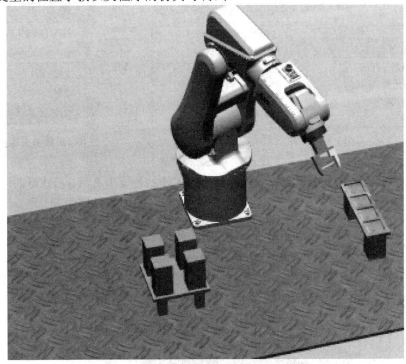

图 6-2 机器人码垛工作站的布局示意图

任务 6.2 工业机器人码垛仿真工作站的构建

【任务目标】

(1) 学会创建工作站和机器人控制器解决方案。

(2) 掌握夹爪工具的创建方法。

(3) 学会创建夹爪工具 Smart 组件。

6.2.1 创建工作站和机器人控制器解决方案

根据工业机器人码垛工作站的任务要求，创建工作站及机器人控制器解决方案，为了快速便捷地实现模型创建，本项目使用 SolidWorks 软件创建所需模拟试验台、取料台、放置台、物料等三维模型，然后通过第三方模型导入功能导入至 RobotStudio 软件的工作环境中进行空间布局，具体操作步骤如下：

(1) 创建工作站和机器人控制器解决方案，具体的创建方法有三种，可参见前续项目，机器人型号选择 IRB 120。

(2) 选择基本或建模功能选项卡，单击"导入几何体"，然后选择"浏览几何体"找到所需的三维模型，单击"打开"，完成几何体的导入，如图 6-3 所示。

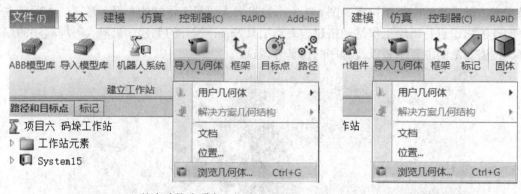

(a) 基本功能选项卡　　　　　　　　　(b) 建模功能选项卡

图 6-3　第三方模型导入

（3）借助 FreeHand 工具和位置放置功能完成工作站各模型布局。搭建好的码垛工作站如图 6-4 所示。

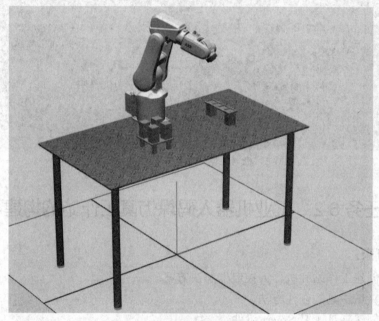

图 6-4　搭建完成的码垛工作站

6.2.2　创建夹爪工具

RobotStudio 软件创建夹爪工具的方法主要有两种，用户可以根据实际任务需求选择合适的创建方法。

1. 采用创建工具机械装置的方法

采用创建工具机械装置的方法是指首先创建夹爪 1(包含夹爪基座)和夹爪 2 两个三维模型，然后分别导入 RobotStudio 软件中并调整至合适的位置，最后通过创建工具机械装置的方式完成夹爪工具的创建，具体操作步骤如下：

（1）导入并放置夹爪 3D 模型。在基本功能选项卡下，选择"导入几何体"，单击"浏览几何体"，导入夹爪的 3D 模型、夹爪 1 和夹爪 2，并将其按要求放置，如图 6-5 所示。

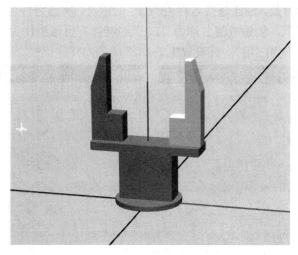

图 6-5　导入并放置夹爪 3D 模型

(2) 创建机器人用的夹爪工具。在建模功能选项卡下，单击"创建机械装置"，如图 6-6 所示，弹出"创建 机械装置"对话框。

图 6-6　单击"创建机械装置"

(3) 在"创建 机械装置"对话框中设置相关参数，机械装置模型名称设置为"夹爪"，机械装置类型选择"工具"，如图 6-7 所示。

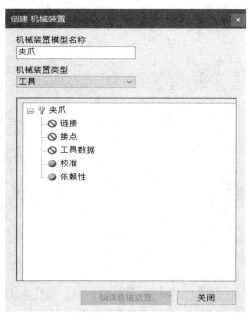

图 6-7　设置机械装置的名称与类型

(4) 用鼠标双击图 6-7 所示对话框中的"链接"选项，打开"创建 链接"对话框。在此对话框中设置链接参数，创建链接名称为"L1"的链接，所选组件为"夹爪 1"，勾选"设置为 BaseLink"复选框，创建链接名称为"L2"的链接，所选组件为"夹爪 2"，如图 6-8 所示，设置完毕后点击"应用"，使设置生效。

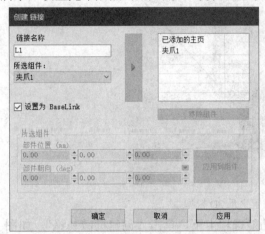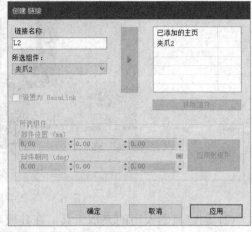

图 6-8　机械装置的链接参数设置

(5) 用鼠标双击图 6-7 所示对话框中的"接点"选项，打开"创建 接点"对话框。在该对话框中设置接点参数，创建关节名称为"J1"的关节，关节类型选择"往复的"，并根据夹具开合尺寸设置位置参数，如图 6-9 所示。设置完毕后点击"应用"，使设置生效。

图 6-9　机械装置的接点参数设置

(6) 用鼠标双击图 6-7 所示对话框中的"工具数据"选项,打开"创建 工具数据"对话框。在该对话框中设置工具数据参数,根据实际工具数据设置相关参数,如图 6-10 所示。

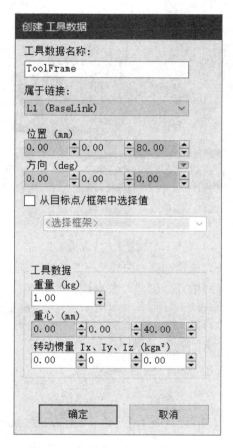

图 6-10 机械装置的工具数据设置

(7) 单击图 6-7 中的"编译机械装置"按钮,进行工具机械装置的编译,生成夹爪工具。

为了便于实际任务的使用,一般还会对夹爪工具的姿态及转换时间进行设置,具体姿态和转换时间可以根据实际要求进行设置,最后将创建完成的夹具工具放置于机器人第六轴安装法兰处即可。

2. 采用位置放置安装夹具

采用位置放置安装夹具是指通过导入第三方模型分别导入夹爪 1 和夹爪 2 两个三维模型,导入的夹爪 1 使用三点法放置于机器人第六轴安装法兰处,夹爪 2 放置于夹爪 1 合适的位置,最后将两者安装于机器人上即可。具体操作步骤如下:

(1) 导入夹爪 3D 模型。在基本功能选项卡下,选择"导入几何体",单击"浏览几何体",导入夹爪的 3D 模型、夹爪 1 和夹爪 2。

(2) 根据夹具的位置要求,将夹爪 1 和夹爪 2 移动放置于机器人第六轴安装法兰处,如图 6-11 所示。

图 6-11　放置夹爪 1 和夹爪 2

(3) 在建模功能选项卡下，依次选择"曲线"→"直线"，捕捉工具选择"部件"→"捕捉中点"，捕捉夹爪工具末端两中点，创建一条直线，如图 6-12 所示。

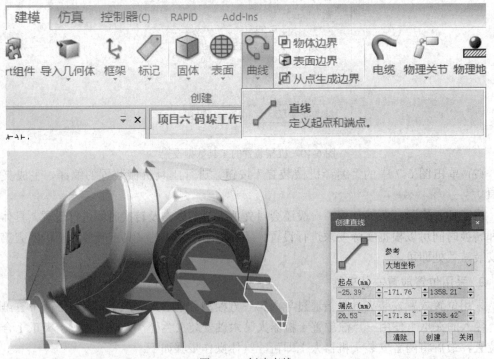

图 6-12　创建直线

(4) 创建工具数据。在基本功能选项卡下，单击"其它"，选择"创建工具数据"，如图 6-13 所示。捕捉工具选择"部件""捕捉中点"。将捕捉步骤(3)创建的直线中点作为夹爪工具坐标系的原点位置，注意其 Z 轴方向是否为夹爪外法线方向，如果不是，修改工具数据的"旋转"选项。

图 6-13　夹具工具数据的创建

（5）安装夹具。将夹爪 1、夹爪 2 分别安装至机器人，弹出"更新位置"对话框时，点击"否"，即不更新位置。夹具安装完成后如图 6-14 所示。

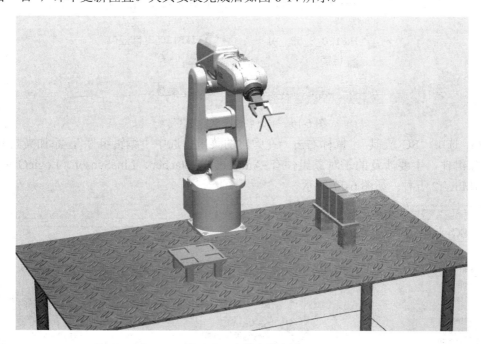

图 6-14　夹具安装完成

◇ 小贴士

本项目简化了夹爪工具，将夹爪基座和夹爪 1 合并为夹爪 1，因此制作的夹爪工具在夹取物体时只有夹爪 2 移动。如若需要两个夹爪同时运动，参考上述步骤即可完成。

6.2.3　创建 Smart 组件

夹爪工具在搬运过程中是动态变化的，当夹取工件时，夹爪夹紧，当放置工件时，夹

爪打开,该动画需要 Smart 组件功能来实现,具体操作步骤如下:

(1) 在建模功能选项卡下,单击"Smart 组件",创建新的 Smart 组件,如图 6-15 所示。

图 6-15　单击"Smart 组件"　　　　　　　　　创建 Smart 组件

(2) 创建的 Smart 组件会在操作界面左侧布局栏显示,并自动命名成"Smart Component_1",为了便于后续使用,这里将其重命名成"SC_夹具",如图 6-16 所示。

图 6-16　重命名成"SC_夹具"

(3) 选中"SC_夹具",鼠标右击,在弹出的菜单中选中"编辑组件",添加夹具所需子对象组件,主要涉及的子对象组件有 Attacher、Detacher、LineSensor、LogicGate 和 LinearMover2 五种,如图 6-17 所示。

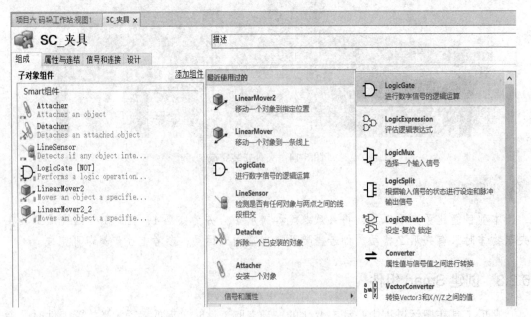

图 6-17　添加子对象组件

（4）根据夹爪工具的功能，设置 Attacher 属性，如图 6-18 所示，需要注意的是由于码垛的是多个物块，所以"Child"属性为空。

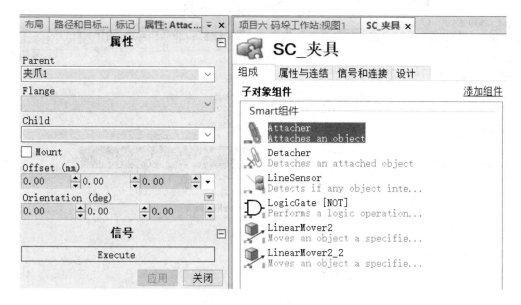

图 6-18　设置 Attacher 属性

（5）根据夹爪工具的功能，设置 Detacher 属性，如图 6-19 所示，需要注意的是此时"Child"属性也为空，并注意勾选"KeepPosition"复选框。

图 6-19　设置 Detacher 属性

（6）根据夹爪工具的功能，设置 LineSensor 属性，如图 6-20 所示，"Start"和"End"为所创建的 LineSensor 的起始位置和终点位置，这里可以直接捕获夹具 1 和夹具 2 末端中心点，自动生成坐标值，同时设置 LineSensor 的半径"Radius"的值为 3。

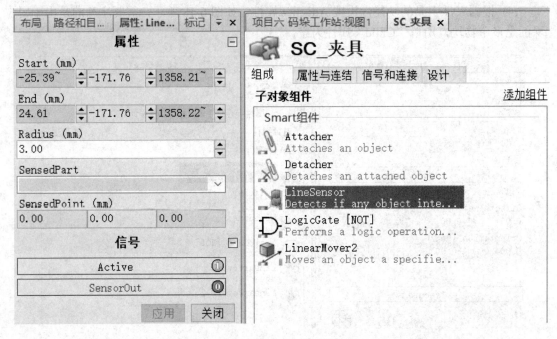

图 6-20　设置 LineSensor 属性

(7) LineSensor 属性设置完成后，会自动生成一个黄色圆柱体标识的传感器，我们需要将其安装至夹爪 1 上。如图 6-21 所示，这里需要注意的是在弹出的是否更新位置的对话框中，点击"否"，不更新位置。

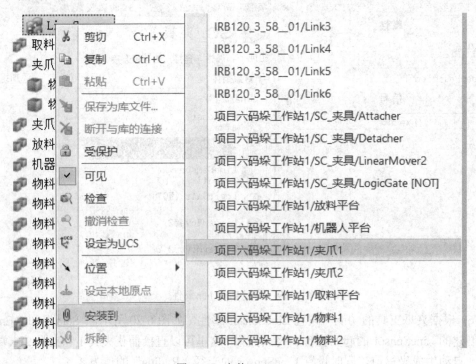

图 6-21　安装 LineSensor

(8) 根据夹爪工具的功能,设置 LogicGate 属性,如图 6-22 所示,"Operator"选择"NOT"取反,"Delay"默认为 0。

图 6-22　设置 LogicGate 属性

(9) 根据夹爪工具的功能,设置第一个 LinearMover2 属性,该子对象组件负责夹具的夹紧动作。如图 6-23 所示,"Object"选择"夹爪 2","Direction"设置成"-100""0""0",直线运动朝着 X 轴负方向运动,"Distance"设置为"4",意味着夹爪夹紧时直线位移 4 mm,"Reference"选择"Local"。

图 6-23　设置第一个 LinearMover2 属性

(10) 根据夹爪工具的功能,设置第二个 LinearMover2 属性,为了便于区分,已将第二个 LinearMover2 子对象组件重命名为 LinearMover2_2,该子对象组件负责夹具的打开动作。如图 6-24 所示,"Object"选择"夹爪 2","Direction"设置成"1000""0""0",直线运动朝着 X 轴正方向运动,"Distance"设置为"4",意味着夹爪打开时直线位移 4 mm,

与夹紧动作位移一致,"Reference"选择"Local"。

图 6-24　设置第二个 LinearMover2 属性

◇ 小贴士

Smart 组件中若创建了多个同一类型的子对象组件,为了便于区分,可以将子对象组件重命名。

6.2.4　Smart 组件的属性与连接

子对象组件添加完毕后,需要添加连接,在"SC_夹具"Smart
组件编辑页面下,选择"属性与连结",点击"添加连接",即可弹
出"添加连接"对话框,如图 6-25 所示。注:软件中的"连接"写作"连结"。

Smart 组件属性设置

图 6-25　点击"添加连接"

在弹出的"添加连接"对话框中,分别添加夹具 Smart 组件所需的两条连接属性。如

图 6-26 所示，设置完成，点击"确定"按钮即可完成添加。

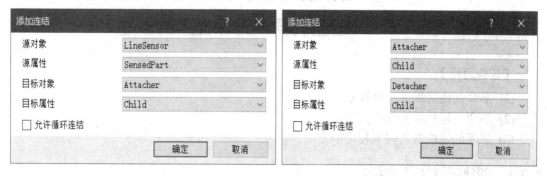

图 6-26　添加连接

6.2.5　Smart 组件的信号和连接

Smart 组件使用时还涉及一系列的信号和连接，本节主要介绍信号和连接的添加。首先打开"信号和连接"界面。如图 6-27 所示。在该界面下，单击"添加 I/O Signals"，添加一个名为"DI_Grip"的数字量输入信号，作为夹具 Smart 组件的启动信号。单击"添加 I/O Connection"，依次添加图示的 6 个信号连接。

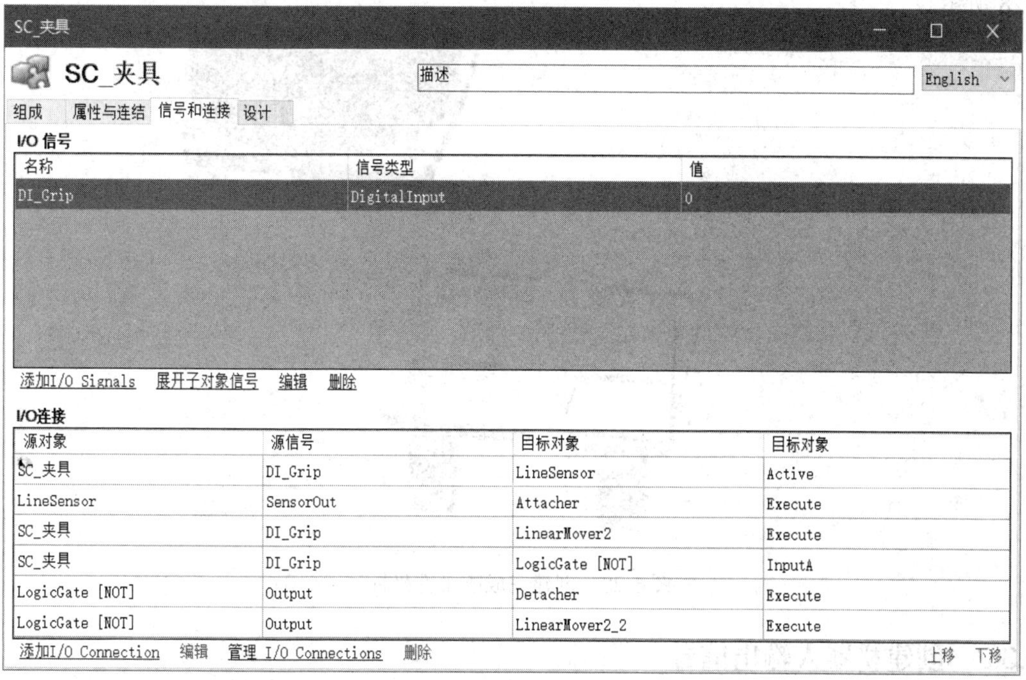

图 6-27　添加信号和连接

◇ 小贴士

Smart 组件中的输入输出信号是作用于 Smart 组件的，一般用于 Smart 组件的启动和反馈，这与机器人的输入输出信号是不一样的。

任务 6.3   工业机器人码垛程序的创建

【任务目标】
(1) 学会创建码垛工件坐标系。
(2) 学会创建机器人输出信号。
(3) 掌握创建机器人码垛程序的方法。

6.3.1   创建码垛工件坐标系

码垛作业时，一共需要码垛 8 个工件，为了便于工件坐标系的创建，本项目将工件坐标系创建在固定的供料平台上，具体操作步骤如下：

(1) 在基本功能选项卡下，依次选择"其它"→"创建工件坐标"。

(2) 在弹出的"创建工件坐标"对话框中，设定工件坐标名称为"Workobject_1"，采用用户坐标框架的"取点创建框架"创建坐标。

(3) 单击"创建"，完成工件坐标"Workobject_1"的创建，创建完成的工件坐标如图6-28 所示。

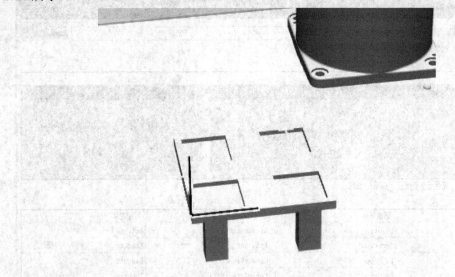

图 6-28   创建完成的工件坐标

6.3.2   创建机器人输出信号

为了实现对仿真夹具夹/放动作的控制，需要创建一个数字输出信号，本项目创建的这个信号只用于虚拟仿真，并没有与实际的 I/O 标准板进行关联。

在控制器功能选项卡下，依次点击"配置编辑器"→"添加信号"，弹出添加信号对话框，根据码垛工作任务的要求，添加一个名为"DO_Grip"的数字量输出信号，如图 6-29所示。

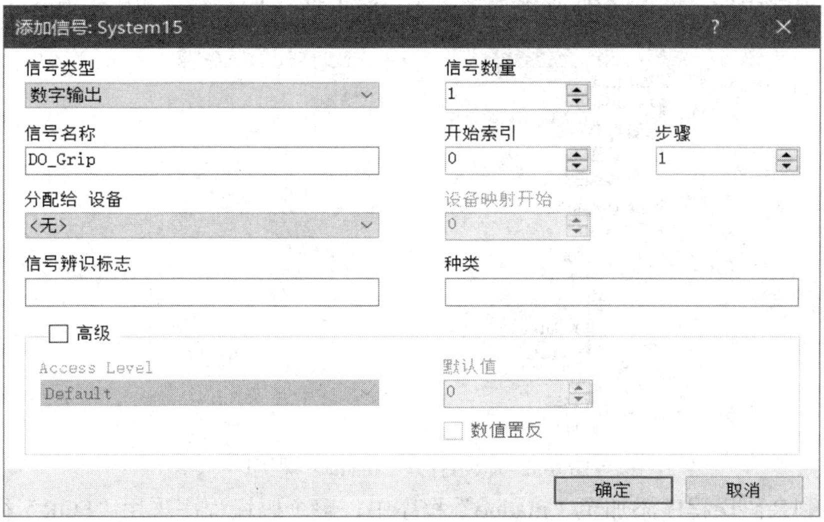

图 6-29　添加 "DO_Grip" 信号

　　信号设置好后，单击 "确定" 即可，需要注意的是这里创建的信号会按照信号开始索引 "0" 自动命名成 "DO_Grip0"，它是机器人的输出信号，名称设置为 "DO_Grip0" 主要考虑到和 Smart 组件的 "DI_Grip" 对应，便于后续信号连接。

6.3.3　创建码垛程序

　　机器人的码垛工作流程为机器人从初始位置出发，到达待码垛工件处，关闭夹爪，夹取工件，然后将工件搬运至码垛处，打开夹爪，放置工件，循环搬运 8 次，完成 8 个工件的码垛工作。码垛程序创建步骤如下：

　　(1) 在基本功能选项卡中，依次点击 "路径" → "空路径"，添加一个空路径，并重命名为 "maduo"。

　　(2) 根据码垛作业具体的要求，设定机器人运动参数，如图 6-30 所示。

MoveJ ▾ * v200 ▾ z50 ▾ Tooldata_1 ▾ \WObj:=Workobject_1 ▾

图 6-30　设定机器人运动参数

　　(3) 利用 FreeHand 工具，将工业机器人拖动到合适的位置，作为轨迹的起始点，单击 "示教指令"，添加回到初始位置指令。

　　(4) 点击同步，选择 "同步到 RAPID，如图 6-31 所示"，将程序同步至 RAPID，便于后续码垛程序的输入。

图 6-31　选择 "同步到 RAPID"

(5) 同步完成后，在 RAPID 功能选项卡中，双击打开"maduo"程序，如图 6-32 所示。

图 6-32　双击打开"maduo"程序

(6) 将剩余码垛程序添加至"maduo"程序中，整个码垛程序采用"FOR"循环结构，具体的程序如下文所示，需要注意的是新添加的 robtarget p10 和 p20 并没有进行示教，可以先直接拷贝 phome 的数值，添加完程序后务必点击"应用"按钮，让程序生效。

```
MODULE Module1
    CONST robtarget
    phome := [[286.11, -27.62, 494.79], [0.353553, 0.612372, 0.612372, -0.353553], [0, 0, 0, 0],
            [9E+09, 9E+09, 9E+09, 9E+09, 9E+09, 9E+09]];
    VAR robtarget p10 := [[286.11, -27.62, 494.79],  [0.353553, 0.612372, 0.612372, -0.353553],
                    [0, 0, 0, 0], [9E+09, 9E+09, 9E+09, 9E+09, 9E+09, 9E+09]];
    VAR robtarget p20 := [[286.11, -27.62, 494.79], [0.353553, 0.612372, 0.612372, -0.353553],
                    [0, 0, 0, 0], [9E+09, 9E+09, 9E+09,    9E+09, 9E+09, 9E+09]];
    VAR num hang := 0;
    VAR num ceng := 0;
    VAR num lie := 0;
    VAR num i := 0;
    PROC maduo()
        Reset DO_Grip0;
        MoveJ phome, v200, Z50, Tooldata_1\WObj := Workobject_1;
        FOR hang FROM 0 TO 1 DO
        FOR lie FROM 0 TO 1 DO
            FOR ceng FROM 0 TO 1 DO
                MoveL Offs(p10, lie * 92, hang * 92, -ceng * 50+80), v200, fine,
                            Tooldata_1\ WObj := Workobject_1;
                MoveL Offs(p10, lie * 92, hang * 92, -ceng * 50), v200, fine, Tooldata_1\
                        WObj := Workobject_1;
                WaitTime 0.5;
                Set DO_Grip0;
```

```
WaitTime 1;
MoveL Offs(p10, lie * 92, hang * 92, -ceng * 50+80), v200, fine,
        Tooldata_1\ WObj := Workobject_1;
MoveJ Offs(p20, 0, i * 60, ceng * 50 + 130), v200, fine,
        Tooldata_1\ WObj := Workobject_1;
MoveJ Offs(p20, 0, i * 60, ceng * 50), v200, fine, Tooldata_1\
    WObj := Workobject_1;
    WaitTime 0.5;
    Reset DO_Grip0;
    MoveJ Offs(p20, 0, i * 60, ceng * 50 + 130), v200, fine, Tooldata_1\
        WObj := Workobject_1;
    IF ceng = 1 THEN
        i   :=   i + 1;
    ENDIF
ENDFOR
ENDFOR
ENDFOR
MoveJ phome, v200, Z50, Tooldata_1\WObj := Workobject_1;
    ENDPROC
    ENDMODULE
```

(7) 利用 FreeHand 工具，将工业机器人拖动到第一个工件搬运位置。如图 6-33 所示，找到 p10 位姿点，点击 RAPID 功能选项卡下的"修改位置"即可完成该位姿点的示教。

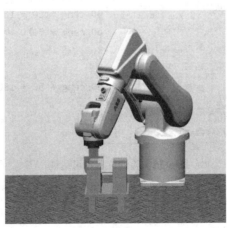

图 6-33　示教 p10 点

(8) 重复步骤(7)，完成码垛第一个点 p20 的位置示教，如图 6-34 所示。

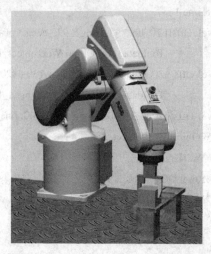

图 6-34　示教 p20 点

(9) 所有位姿点示教完毕后，点击"同步"，选择"同步到工作站"，将 RAPID 程序同步至工作站。

(10) 在基本功能选项卡下选中"maduo"程序，右击弹出菜单中选中"沿着路径运动"，验证各位置点可达性，如图 6-35 所示。

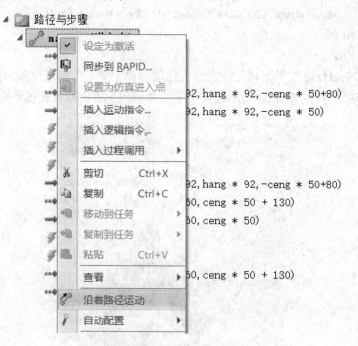

图 6-35　验证位置点可达性

◆ 小贴士

　　修改位置时，如果程序中没有对应的位姿点运动指令，可以新增一条程序，示教完成后删除。

任务 6.4　工业机器人码垛仿真运行与调试

【任务目标】

(1) 掌握测试夹具 Smart 组件的方法。

(2) 学会码垛工作站的仿真运行与调试。

(3) 学会录制仿真动画。

测试 Smart 组件

6.4.1　测试夹具 Smart 组件

仿真前需要测试夹具 Smart 组件的有效性，为了方便测试，首先在测试前保存当前状态，在仿真功能选项卡下，点击"重置"，选择"保存当前状态"，如图 6-36 所示。

图 6-36　选择"保存当前状态"

在弹出的"保存当前状态"对话框里，名称设置为"初始状态"，并勾选码垛工作站的所有选项，包括对象状态及控制器状态，点击"确定"，完成状态保存，如图 6-37 所示。

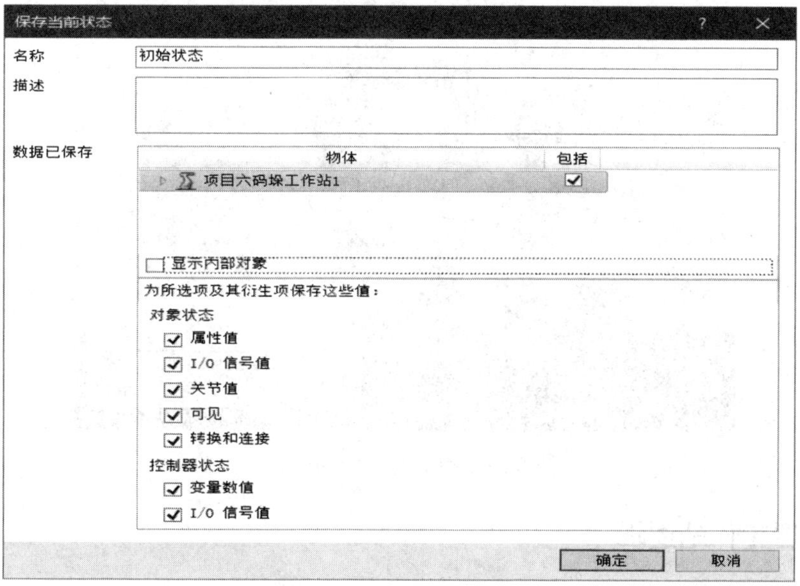

图 6-37　设置保存当前状态参数

"初始状态"保存后开始测试夹具 Smart 组件，双击"SC_夹具"，打开属性，并使用 FreeHand 工具将机器人移动至工件夹取位置，如图 6-38 所示。

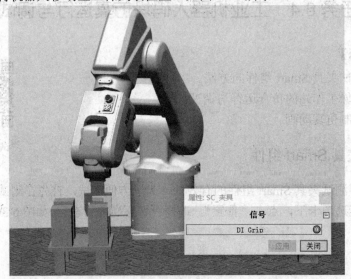

图 6-38　将机器人移动至工件夹取位置

点击信号"DI_Grip"，使信号变成 1，并使用 FreeHand 工具手动拖动机器人线性运动。如图 6-39 所示，如果此时工件随夹具一起运动，则夹具 Smart 组件创建成功，否则需检查夹具 Smart 组件。

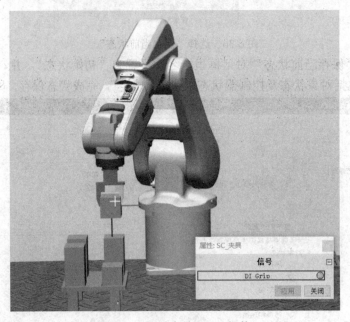

图 6-39　测试夹具 Smart 组件

6.4.2　设置工作站逻辑

夹具 Smart 组件测试完成后，需关联机器人信号与夹爪 Smart 组件信号，具体操作如下：

（1）在仿真功能选项卡下，点击"工作站逻辑"，打开工作站逻辑设置页面，如图 6-40 所示。

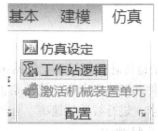

图 6-40 点击"工作站逻辑"

（2）在工作站逻辑设置页面下，找到"信号和连接"，单击"添加 I/O Connection"，添加机器人控制系统输出信号"DO_Grip0"与夹爪 Smart 组件输入信号"DI_Grip"的连接，如图 6-41 所示。

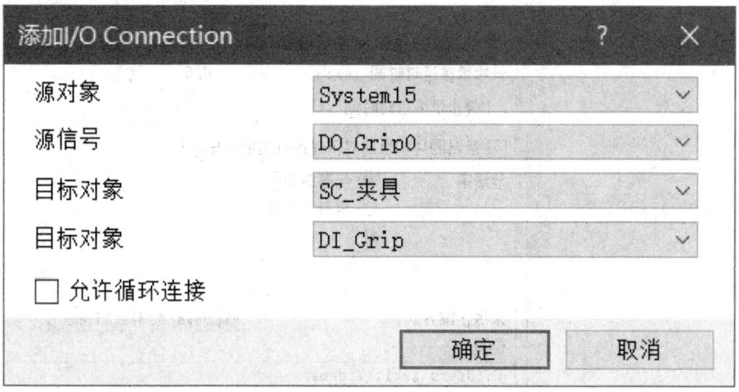

图 6-41 添加信号连接

6.4.3 仿真设定

仿真设定

为了便于仿真的实现，在仿真前还需要对仿真进行相关设定，在仿真功能选项卡下，点击"仿真设定"，打开仿真设定页面，根据任务要求，进行设置，将初始状态选择为先前保存的"初始状态"，仿真对象勾选"SC_夹具"和机器人控制系统"System15"，如图 6-42 所示。

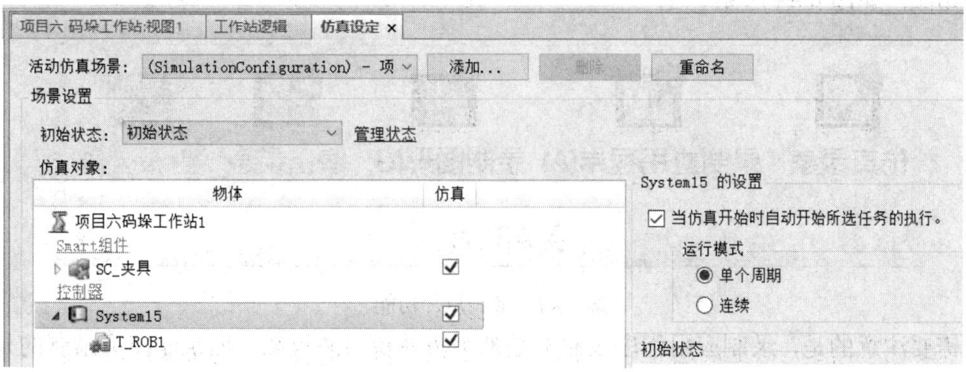

图 6-42 仿真设定页面

仿真设定完成后，点击仿真控制菜单中的"播放"就可以看到动画效果了。动画结束后，点击"重置"，即可恢复到原来的状态。

6.4.4 录制仿真动画

录制仿真动画

RobotStudio 软件提供的录制短片功能可以将工作站中的工业机器人的运行状态录制成视频输出。文件功能选项卡中的选项菜单可以进行屏幕录像机的设置，根据输出视频要求，进行视频帧速率、分辨率、录像压缩方式等一系列的参数设置，如图 6-43 所示。

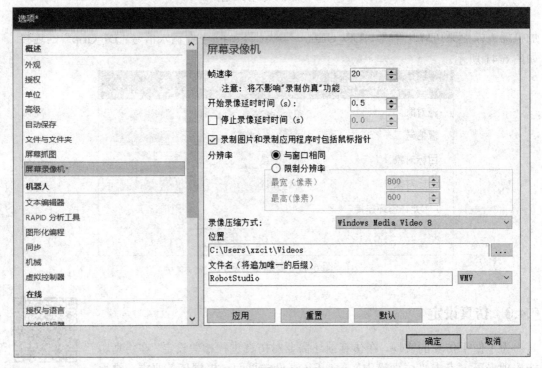

图 6-43　屏幕录像机参数设置

录制短片功能主要提供了仿真录像、录制应用程序、录制图形、停止录像和查看录像五种功能，如图 6-44 所示。

图 6-44　录制短片功能

需要注意的是，录制应用程序录制的是整个软件窗口的视频，而录制图形录制的是窗口中活动对象的视频，这两者是不同的，如图 6-45 所示。

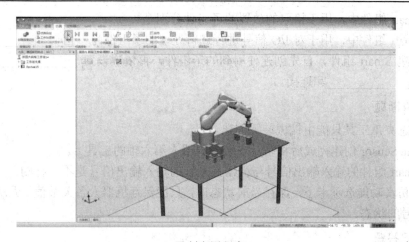

(a) 录制应用程序

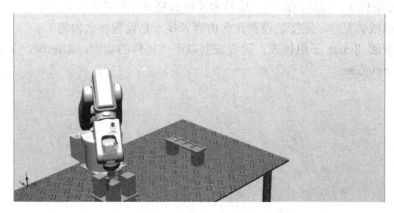

(b) 录制图形

图 6-45 短片录制功能

点击需要录制的短片类型，开始短片录制，仿真运行完毕后，短片即录制完成。如若需要查看录制的短片，点击查看录像即可查看先前录制的视频。

项 目 总 结

工业机器人码垛工作任务是指装有夹爪工具的 IRB 120 工业机器人，从取料台取料并搬运至放置台堆垛。本项目以码垛工作任务引领，讲解相关知识点，主要包括创建夹爪工具、创建 Smart 组件、创建码垛程序、设置工作站逻辑以及录制仿真动画等内容。

项 目 作 业

一、填空题

1. Smart 组件中，用于进行直线运动的子组件有＿＿＿＿＿＿和＿＿＿＿＿＿。
2. Smart 组件中，用于进行圆周运动的子组件有＿＿＿＿＿＿和＿＿＿＿＿＿。

3. Smart 组件中,用于拾取的放置的子组件分别是＿＿＿＿＿＿和＿＿＿＿＿＿。

4. Smart 组件中,用于对 I/O 信号进行逻辑处理的子组件为＿＿＿＿＿＿。

5. 创建 Smart 组件,首先创建使用到的子组件,再依次设置＿＿＿＿＿＿与连接,最后设置＿＿＿＿＿＿和连接。

二、判断题

1. 动态夹爪工具只能由机械装置创建。　　　　　　　　　　　　　　（　　）

2. LineSensor 创建完成后将自动安装到机器人第六轴的工具上。　　（　　）

3. Smart 组件的输入输出信号与机器人系统的输入输出信号是不一样的。　（　　）

4. 在仿真功能选项卡下,保存当前状态时,只能保存机器人各关节值,无法保存其输入输出信号的状态。　　　　　　　　　　　　　　　　　　　　　　　（　　）

三、问答题

1. Smart 组件中,属性与联结,信号和连接分别设置的是什么内容?

2. 创建机械装置时,连接是设置什么内容?接点是设置什么内容?

3. 通过查阅 Smart 子组件表,简要说明以下子组件的功能:Attacher、LineSensor、Detacher 和 LogicGate。

项目七　RobotStudio 在线功能

【项目目标】

熟悉 RobotStudio 软件的在线功能，掌握使用 RobotStudio 软件连接机器人的方法，学会使用 RobotStudio 软件进行机器人数据的备份与恢复，掌握在线文件的传送以及其它在线功能的使用。

任务 7.1　使用 RobotStudio 连接机器人

【任务目标】

(1) 学会修改计算机的 IP 地址。

(2) 掌握一键连接工业机器人的方法。

7.1.1　修改计算机的 IP 地址

两台具有通信功能的电子设备进行 TCP/IP 通信时，应保证两者处在同一网段。不同网段的设备也可以进行 TCP/IP 通信，但需要扩展其它设备，本书中不予讲述。例如，机器人的 IP 地址为 192.168.8.1，则计算机的 IP 地址应修改为 192.168.8.*。其中，*表示 2～255 之间的任意一个数，但不包含机器人的 IP 数值 245，否则后期系统会报出"IP 地址冲突"的错误，需要重新修改。

为简化操作，一般我们只需要修改计算机有线网卡的 IP 地址即可，但修改前应先检查机器人控制器的默认 IP 地址。首先打开 RobotStudio 软件，切换到控制器功能选项卡，然后点击"添加控制器"，弹出的地址就是控制器的默认 IP 地址，如图 7-1 所示。

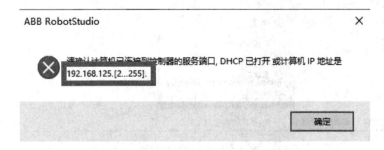

图 7-1　RobotStudio 检查控制器的默认 IP 地址

本书中以 ABB IRB120 型工业机器人为例，其默认 IP 地址为 192.168.125.1。机器人控制器的 IP 地址确定后，开始修改计算机的 IP 地址。这里以 Window 10 系统为例讲解 IP

地址的修改方法，其它版本的 Windows 操作系统的设置方法类似，用户可参考进行修改，具体操作步骤如下：

(1) 同时按下键盘上的 Win 键和 R 键，在弹出的运行框中输入"ncpa.cpl"，单击"确定"，如图 7-2 所示，打开计算机的网络连接窗口。

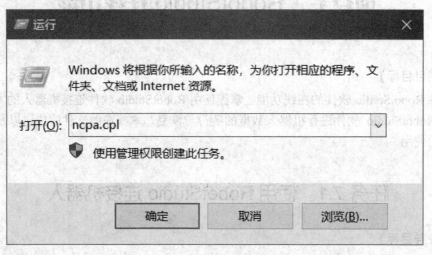

图 7-2　打开计算机的网络连接窗口

(2) 在"网络连接"窗口，选择有线连接使用的网卡，用鼠标右击，在弹出的菜单中选择"属性"，如图 7-3 所示。

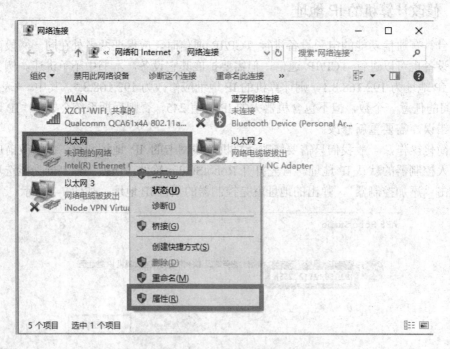

图 7-3　打开网络适配器

(3) 在弹出的"以太网 属性"对话框中，选择"Internet 协议版本 4(TCP/IPv4)"并双击，如图 7-4 所示。

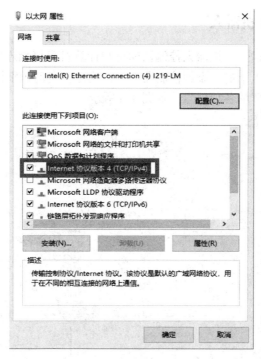

图 7-4　以太网属性对话框

（4）在弹出的协议修改属性页中，选择"使用下面的 IP 地址"，并输入一个新的地址，使其与控制器的 IP 地址处于同一网段，且 IP 地址无冲突，子网掩码使用默认的 255.255.255.0 即可，其它参数无须修改，如图 7-5 所示，完成后点击"确定"即可修改计算机的 IP 地址。

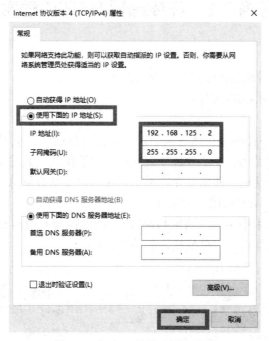

图 7-5　修改 IP 地址为固定地址

7.1.2　一键连接工业机器人

修改计算机的 IP 地址后，机器人控制器即可与计算机直接相连，再次点击 RobotStudio 软件中控制器功能选项卡下的"添加控制器"时，软件会自动识别控制器类型并在下方的页面中显示机器人控制器的各项信息，如图 7-6 所示。

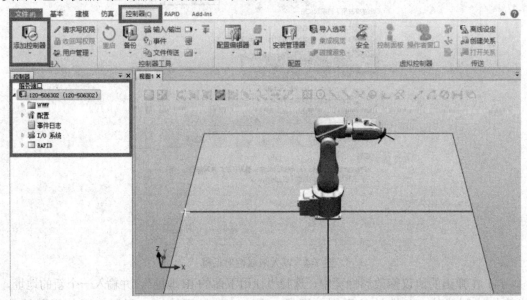

图 7-6　一键连接工业机器人

任务 7.2　在线编辑 RAPID 程序

【任务目标】

(1) 掌握软件请求写权限和收回写权限的方法。

(2) 学会在线编辑 RAPID 程序。

RobotStudio 软件与控制器在线连接后，即可在线修改工业机器人的相关数据，包括 RAPID 程序、机器人参数等。在工业控制过程中，为了保证控制的稳定性和安全性，控制器一般都设置有写保护功能，即未经允许不得写入信息或修改信息。

RobotStudio 软件请求写权限的方法如下：

在控制器功能选项卡中单击"请求写权限"，此时机器人的示教器中将会弹出写权限申请窗口，点击"同意"即可审批授权，如图 7-7 所示。

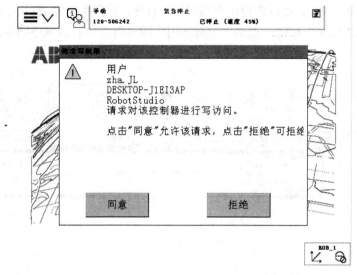

图 7-7　"请求写权限"授权操作

　　请求写权限操作完成后，可逐一展开程序树，利用 RAPID 编辑器在线对 RAPID 程序进行修改，具体步骤如下：

　　(1) 在展开的程序树中右键选择"T_ROB1"，在弹出的菜单中选择"新建模块"，如图 7-8 所示。

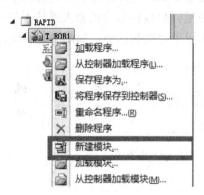

图 7-8　新建模块

　　(2) 在弹出的创建模块对话框中设置模块名称为"module1"，模块类型为"P 程序"，点击"确定"按钮，完成创建，如图 7-9 所示。

图 7-9　创建模块对话框

(3) 新建模块完成后，可以在模块中编写例行程序，程序编写完成后，点击 RAPID 功能选项卡，选择"应用"按钮，点击"全部应用"即可将编辑好的程序同步到控制器中，如图 7-10 所示。

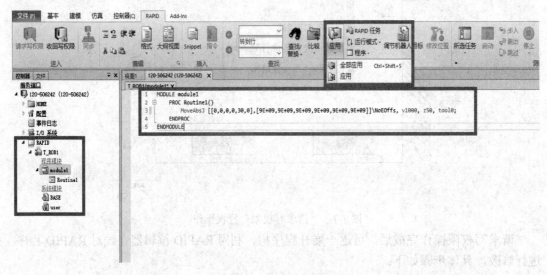

图 7-10　编辑例行程序

如果用户知道工具坐标系和工件坐标系与系统默认的坐标系的关系，还可以通过修改系统自带的 BASE 模块中的坐标系数据来为机器人系统添加坐标系，添加完成后点击"全部应用"即可将新的坐标系同步到控制器中，如图 7-11 所示。

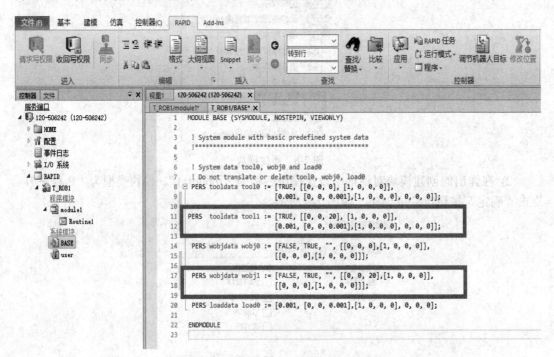

图 7-11　添加工件坐标系和工具坐标系

所有数据修改完成后，为了保证系统的安全性，可以通过单击示教器的撤回按钮或

RobotStudio 软件中的收回写权限命令撤回 RobotStudio 软件与机器人控制器的写权限，如图 7-12 所示。

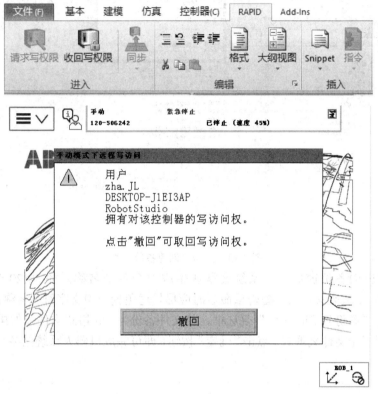

图 7-12　收回写权限授权

任务 7.3　使用 RobotStudio 进行备份与恢复

【任务目标】

(1) 学会创建机器人系统备份。

(2) 掌握从备份中恢复的方法。

7.3.1　创建机器人系统备份

机器人的程序逻辑往往需要通过多次的修改和备份，以求能达到最佳的状态，同时能够有效避免因为系统故障等突发原因造成的程序丢失，从而减少工作负担。但需要注意的是，一般来说，备份数据具有唯一性，不可将一台机器人的备份程序恢复到另一台机器人中，以免造成系统故障。

机器人系统备份属于从计算机中读取机器人系统当前的程序、参数等，因此无须进行写权限的申请，具体操作步骤如下：

(1) 在 RobotStudio 软件中选择"控制器"功能选项卡，点击"备份"按钮，在弹出的菜单中点击"创建备份"，如图 7-13 所示。

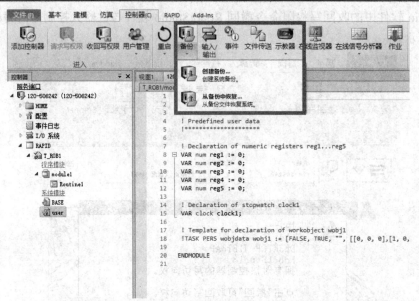

图 7-13　点击"创建备份"

（2）在弹出的备份窗口中，系统会默认生成一个备份名称，如"120-506242_备份_2020-07-04"，一般来说，用户备份重命名时应尽量避免使用中文字符。名称设置完成后，可勾选左下角"备份到 Zip 文件"复选框，将文件备份为 zip 格式文件。如果不勾选，则备份的文件为多个文件夹形式。点击"确定"按钮，即可完成机器人系统的备份，如图 7-14 所示。

图 7-14　备份机器人系统

7.3.2　从备份中恢复

在系统发生故障、程序意外丢失或系统关键参数意外丢失等突发情况下，用户可通过恢复系统将系统控制器恢复到初始状态。恢复系统属于将计算机中的数据写入控制器，因此，在操作之前，需要申请"请求写权限"的授权，授权完成后，即可开始从备份中恢复操作，具体步骤如下：

（1）在"控制器"功能选项卡下，点击"备份"按钮，在弹出菜单中选择"从备份中恢复"。如果未申请写权限的授权，这里的恢复按钮将为灰色不可选状态，如图 7-15 所示。

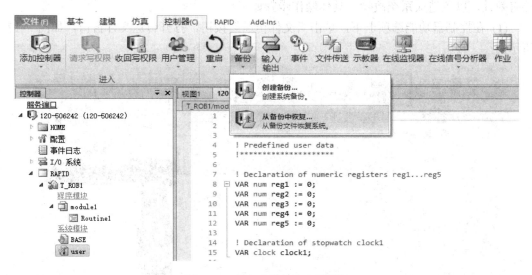

图 7-15　点击"从备份中恢复"

（2）在弹出的恢复窗口中选择下方需要恢复的可用备份，点击"确定"按钮即可完成恢复操作，如图 7-16 所示。

图 7-16　从备份中恢复机器人系统

任务 7.4　在线文件传送

【任务目标】

掌握在线传送文件的方法。

在线传送文件就是将文件在计算机端与控制器端进行互传。文件传输前需要进行写权限的授权，但需要读者注意的是，在将文件从 PC 端传输至控制器时，必须确保传输文件的有效性，以免造成系统故障。具体操作步骤如下：

(1) 在控制器功能选项卡下，单击"文件传送"按钮，打开传送文件窗口，如图 7-17 所示。

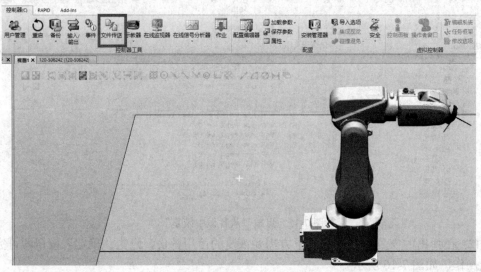

图 7-17　单击文件传送

(2) 在文件传送窗口，左侧为计算机的资源管理器，右侧为控制器的资源管理器，如果需要传送文件，只需要在对应的资源管理器中选中相应的文件然后点击传送箭头即可，如图 7-18 所示。

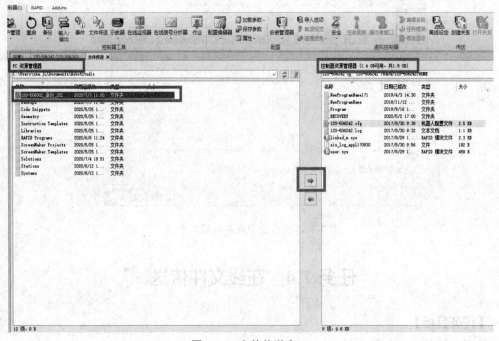

图 7-18　文件传送窗口

任务 7.5　其它在线功能

【任务目标】

(1) 学会在线监控功能的使用。

(2) 学会在线管理示教器用户操作权限。

RobotStudio 在线功能非常强大，除了上述功能外，还会经常用到在线监控功能和在线管理示教器用户操作权限。

1. 在线监控功能

RobotStudio 与控制器在线连接后，通过在线监控功能可以对机器人和示教器的状态进行实时监控。

1) 机器人在线监控

单击"控制器"功能选项卡，单击"在线监视器"命令，即可进入在线监控界面。图 7-19 所示即是在线连接的机器人实时状态，它的运动状态与实际机器人保持一致。

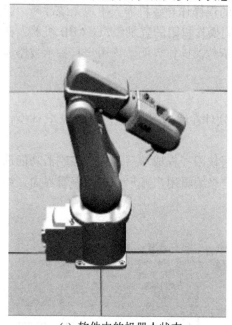

(a) 软件中的机器人状态

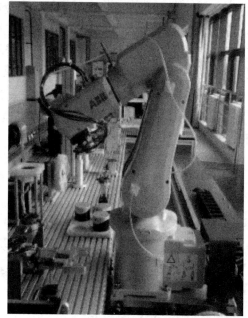

(b) 实际机器人状态

图 7-19　机器人在线监控状态

2) 示教器在线监控

在"控制器"功能选项卡下，单击"示教器察看器"按钮，此时软件中会实时显示真实示教器的界面，如图 7-20 所示。勾选"重新加载每个"选项，拖动滑动条，可以设定画面的采样刷新频率。如将其修改为 00:00:05，即表示计算机每 5 秒采集一次示教器的画面。

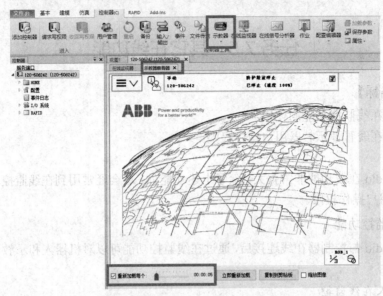

图 7-20　示教器在线监控

2. 在线管理示教器用户操作权限

在机器人的管理中，为了避免用户对示教器的误操作导致机器人出现系统故障，影响机器人的正常运行，一台工业机器人一般拥有不同操作权限的登录账户。ABB 机器人在通电启动后一般是以默认的 Default User 用户登录示教器操作界面，该用户具备示教器最高权限，所以在投入生产前可根据需要进行修改。

1) 在线创建新的登录账号

RobotStudio 与控制器在线连接后，可以通过软件在线创建新的登录账号，具体操作步骤如下：

(1) 创建新账户需要请求写权限授权，确保写权限授权成功后，进入控制器功能选项卡，点击"用户管理"，展开用户管理菜单，单击"编辑用户账户"进入编辑界面，如图 7-21 所示。

图 7-21　单击"编辑用户账户"

(2) 在弹出的 UAS 管理工具页面，单击"添加"，即可增加系统新用户，同时需要根据实际使用需求，勾选对应的账号组，保证新增用户所拥有的权限，如图 7-22 所示。系统默认有"Service""Operator""Programmer"等五个分组，每个分组对应不同的权限。

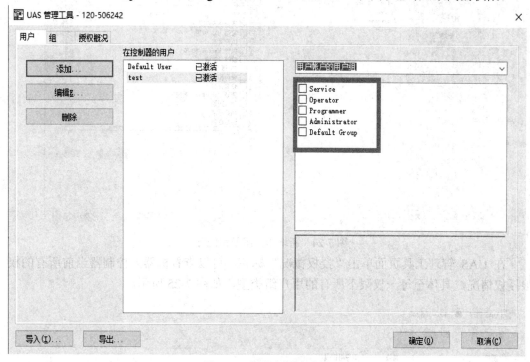

图 7-22　添加新用户账户

(3) 在弹出的"添加新用户"对话框中，设置新用户的用户名和密码，设置完成后点击"确定"即可完成新用户的添加，如图 7-23 所示。

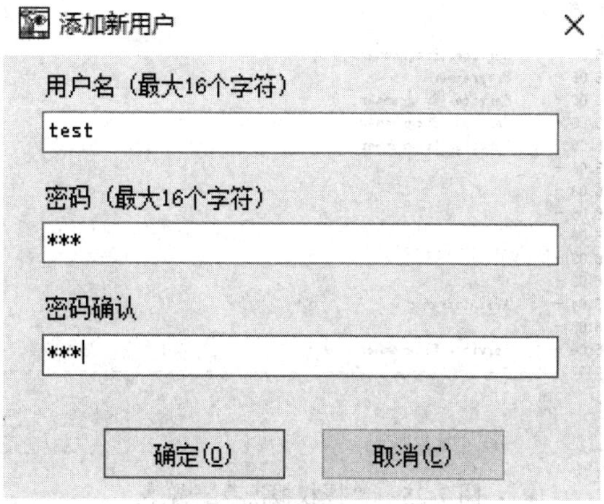

图 7-23　添加新用户

如若需要添加新的用户组或者修改用户组的权限，在 UAS 管理工具页面单击组标签，即可查看控制器中已有的用户组，选中对应用户组将显示其拥有的权限。比如，选中"Administrator"用户组，显示当前权限为"完全访问权限"，如图 7-24 所示。点击"添加"按钮，可以添加新的用户组。

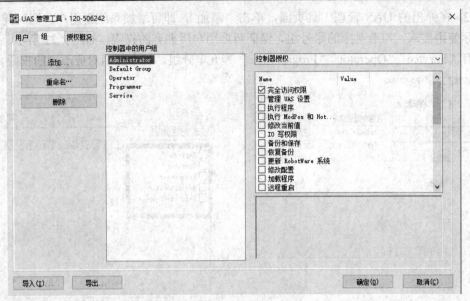

图 7-24　新增用户组及组配置

在 UAS 管理工具页面单击"授权概况"标签，可以查看机器人控制器当前所有的权限授权情况，具体至每一权限下所有的用户组类型，如图 7-25 所示。

UAS 管理工具 - 120-506242 ×

用户　组　授权概况

授权	有效	用户组权限
IO 写权限	5.05	Service, Operator, Programmer
安全服务	6.03	-
安全控制器配置	5.07	-
备份和保存	5.05	Service, Operator, Programmer
编辑 RAPID 代码	5.06	Programmer
程序调试	5.06	Service, Programmer
更新 RobotWare 系统	6.05	-
管理 UAS 设置	5.04	-
恢复备份	5.05	Service, Programmer
加载程序	5.06	Programmer
降低生产速度	5.06	Service, Programmer
控制器磁盘的读取权限	5.05	Service, Programmer
控制器磁盘的写入权限	5.05	Service, Programmer
切换到自动时注销 示校器	5.06	-
软件同步	6.03	-
删除日志	5.05	-
使用示校器上的 ABB 菜单	5.06	-
锁定安全控制器配置	6.03	-
调试模式	6.03	-
完全访问权限	5.04	Administrator
无钥匙模式选择器	6.03	-
校准	5.06	Service, Programmer

图 7-25　"授权概况"一览表

2) 账户注销及登录操作

进入"控制器"功能选项卡，点击"用户管理"，展开用户管理菜单，单击"注销"，提示是否注销当前登录账户，单击"是"即可完成注销，退出控制器。

注销完成后，在控制器功能选项卡下，点击"用户管理"，展开用户管理菜单，单击

"以别的用户名登录"，即可进入登录界面，如图 7-26 所示。

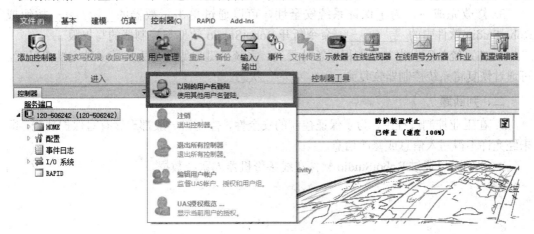

图 7-26　单击"以别的用户名登录"

在弹出的登录对话框中，输入"用户名称"和"密码"，或选择"以默认用户账户登录 D"即可完成登录操作，如图 7-27 所示。

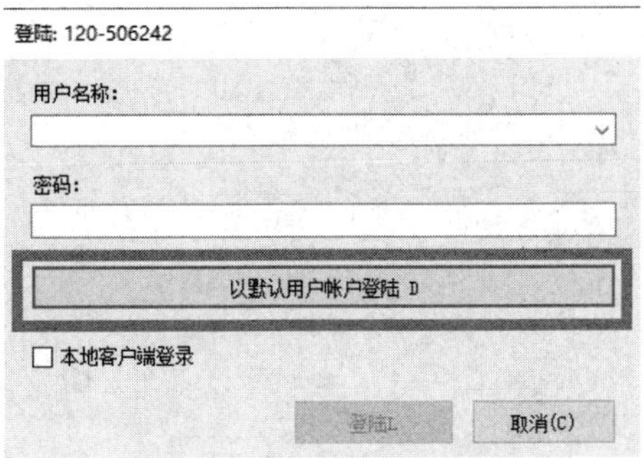

图 7-27　账户登录对话框

项 目 总 结

根据用户的需求不同，用户既可以利用示教器进行机器人的编程与管理维护，也可以利用 RobotStudio 软件实现机器人的编程与管理维护。本项目以 RobotStudio 软件与 ABB IRB120 型工业机器人的 TCP/IP 通信为例，介绍了 RobotStudio 软件的在线功能，主要包括机器人在线连接设置，在线编辑 RAPID 程序、在线系统备份与恢复、在线文件传送和用户账户管理。

项 目 作 业

一、填空题

1. 两台具有通信功能的电子设备进行 TCP/IP 通信时，应保证两者处在_____。

2. RobotStudio 软件与控制器在线连接后，即可在线修改机器人的相关数据，包括

_____和_____等。

3. 修改完成后，为了保证系统安全性，可以通过单击示教器的_____按钮或 RobotStudio 软件中的_____命令断开 RobotStudio 软件与控制器的写权限。

4. 在系统故障发生、系统程序意外丢失、系统关键参数意外丢失等多种突发情况下，可通过恢复将系统控制器恢复到_____状态。

二、判断题

1. 在工业控制过程中，为了保证控制的安全性，控制器一般都设置有写保护功能，即未经允许不得写入信息或修改信息。　　　　　　　　　　　　　　　（　　）

2. 我们可以通过 RobotStudio 软件在线备份机器人系统数据。　　　　（　　）

参 考 文 献

[1] 介党阳，寇萌，胡昭琳，等. 机器人离线编程技术现状及前景展望[J]. 装备机械，2017(03)：54-57.

[2] 魏志丽，宋智广，郭瑞军. 工业机器人离线编程商业软件系统综述[J]. 机械制造与自动化，2016，45(06)：180-183.

[3] 詹国兵，王建华，孟宝星. 川崎工业机器人与自动化生产线[M]. 西安：西安电子科技大学出版社，2018.

[4] 张明文. 工业机器人离线编程[M]. 武汉：华中科技大学出版社，2017.

[5] 朱洪雷，代慧. 工业机器人离线编程(ABB)[M]. 北京：高等教育出版社，2018.

[6] 刘显明. 五金打磨机器人离线编程技术研究及应用[D]. 武汉：华中科技大学，2017.

[7] 陈南江. 工业机器人离线编程与仿真(ROBOGUIDE)[M]. 北京：人民邮电出版社，2018.

[8] 叶晖. 工业机器人工业应用虚拟仿真教程[M]. 北京：机械工业出版社，2013.

[9] 胡伟. 工业机器人行业应用实训教程[M]. 北京：机械工业出版社，2015.

[10] 郭洪红. 工业机器人技术[M]. 西安：西安电子科技大学出版社，2012.

[11] 蒋刚，龚迪琛，蔡勇，等. 工业机器人[M]. 成都：西南交通大学出版社，2011.

[12] 宋云艳，周佩秋. 工业机器人离线编程与仿真[M]. 北京：机械工业出版社，2019.